micro:bit や M5Stack でつくる

ネコと楽しむ電子ニャン工作

電子ニャン工作研究会・著

Rutles

＼ ネコちゃんを愛するみなさまへ ／

「人生で幸せになりたかったらネコを飼いなさい」

そんな言葉があるくらい、ネコちゃんと過ごす毎日は幸福に満ちているはずです。

この本を手に取ったあなたはすでにネコちゃんをお飼いになっている方でしょう。幸せなネコライフのために「愛猫のために何かしてあげたい」といつも思っているはずです。市販には、エサやトイレ関連以外にもネコちゃんのための製品があふれています。みなさんのお宅にもおもちゃや健康グッズのひとつやふたつはあると思います。中には電動式のものも数多くあります。

「電気製品は、買うものであって自分では作れない」そう思っている人は多いでしょう。ところが、趣味として、中には仕事として、マイコンボードといわれる小型のコンピュータボードを駆使して手作りで電気製品を作ってしまう人たちがいます。彼らは「メイカー」と呼ばれています。手作りならプログラミングでいかようにもカスタマイズできます。

そこで提案です。自分のネコちゃんのための電気製品を手作りしちゃいましょう。名付けて「電子ニャン工作」。

今や工作に使えるマイコンボードは2000 ～ 3000円で手に入る時代になりました。子供でも使えるプログラミングアプリがいろいろ出ています。ものづくりの経験がないビギナーの方でも気軽に取り組める環境が整っています。あなたのネコちゃんのための、ものづくりにチャレンジしてみてはいかがでしょうか？

もし、あなたが、ご自宅でネコちゃんを飼いつつ、すでにメイカーとしてものづくりを楽しんでおられるなら、レベルに応じていろいろなスキルをおもちのはず。それをネコちゃんを喜ばすために使ってみない手はありません。

この本では、7つのおもちゃ、4つのヘルスグッズ（うちひとつは参考作品）と計11のアイテムを紹介しています。いずれもマイコンボードを使い、プログラミングによって動作させています。マイコンボードとしては、ビギナーでも比較的扱いやすいmicro:bit（マイクロビット）とM5Stack（エムファイブスタック）を採用しました。

難易度に差はあるものの、初めて電子工作に触れる方でも紹介した方法をなぞっていけば、作れることを前提にしています。特におもちゃ編の7アイテムは、プログラミングができる小学生なら作れるレベルのものばかりです。

ネコちゃんたちが大喜びする姿を想像しながら、肩肘を張らずに気軽に作ってみてください。うまくいかなければ、何度でも試せるのがマイコンボードを使ったものづくりのいいところです。1回でうまくいかなくても、いろいろ試すうちに必ず動くようになります。

紹介した作品はいずれも安全性には十分留意しています。むき出しのマイコンボードを見て「ネコが感電しないかしら」と思う方もおられるとは思いますが、小学校の授業で採用される安全性の高い製品です。感電するような高い電圧をかける作品は扱っていませんし、ネコちゃんたちが直接基板に触れることがないよう、筐体も作ります。

私もネコ飼いメイカーです。紹介したすべての作品を作りました。工作の様子がリアルにわかるように、試行錯誤したところも正直にレポートさせていただきました。読み物としても楽しんでいただけると思います。

なにせ相手は気まぐれなネコちゃんたちですから、こちらが意図した反応ばかりではありませんでした。でもそんなツンデレなところも魅力です。うまい反応が引き出せなければ、さらに腕を撫して創意工夫に取り組みました。それも電子ニャン工作の楽しみの一つです。

みなさんも、ものづくりを楽しみ、作ったものでネコたちと遊ぶ、贅沢な時間を満喫していただけたら、筆者としてこれに勝る喜びはありません。

電子ニャン工作研究会代表　**SHIGS**

CONTENTS ● 目次

第1章 ネコわくわく 電子おもちゃ編 007

第2章 ネコいきいき ヘルスグッズ編 083

第3章 資料編 124

本書の使い方

ここでは、本書を有効に使うためのヒントをまとめておきます。

・第1章ではmicro:bitを使った比較的ビギナー向けの電動ネコおもちゃ7アイテムを扱っています。

・道具、材料と作り方、プログラミング方法など、ポイントをおさえながら解説しています。

・工作の自由度を考慮して、一部を除き、あえて細かい寸法などは入れていません。

・第2章ではM5Stackシリーズの製品「ATOM Lite」、「Timer Camera」を使った健康などに役立つアイテムを扱っています。

・micro:bitやM5Stackを初めてお使いになる方は、第3章資料編も本編と合わせてお読みいただければと思います。

・「micro:bit」（マイクロビット）」の正式名称は「BBC micro:bit」（ビービーシーマイクロビット）」ですが、本書では「micro:bit」（マイクロビット）と略称しています。

内容に関するお問い合わせについて

・本書についてのお問い合わせ、よくある質問、更新情報などについては、下記WEBサイトをご参照ください。

https://www.rutles.co.jp/
or
https://www.rutles.co.jp/contact/
または本書サポートページ

おことわり

・本書は基本的に2023年6月末時点での情報をもとにしています。それ以後の変更は、内容に反映していません。また最新の画面などが異なる場合もございます。あらかじめご了承ください。

・本書に記載されたURLなどは予告なく変更されることがあります。

・内容についてはできるだけ正確を期していますが、本書の内容に基づく運用結果については責任を負いかねますので、ご了承ください。

・本書に記載されているプログラム画面などのイメージは特定の設定に基づいた環境で再現されるものです。環境が異なるとイメージが変わる場合があります。

・本書に記載されている製品名などは、各社の商標および登録商標です。

第 1 章

ネコわくわく
電子おもちゃ編

ネコちゃんたちが喜んで遊んでくれる
電子おもちゃの作り方、使い方を紹介します。
工作ビギナーでも取り組みやすいアイテムばかりです。
あなたの手作りおもちゃで、ネコちゃんたちと
楽しいひと時を過ごしてください。

回るネコじゃらしを追いかける
ネコちゃんが続出！
話題のネコおもちゃを手作りします。

ネコわくわく　電子おもちゃ編 1

クルクル、カサカサ、回転式ネコじゃらしで遊んでほしい！

難易度：🐾🐾🐾🐾🐾

ネコが喜ぶあのおもちゃを手作り

今回のアイテム

ネコおもちゃの中でもヒット商品といわれる、カバーの下でネコじゃらしがくるくる回る、アノおもちゃを作ることにしました。電子工作的には、マイコンボードとサーボモーターがあれば動きは再現できそうな気がします。

全体としては下の図のような構成を考えてみました。

一見、簡単そうに見えても電子工作にはいくつも落とし穴があります。

過去、何度か痛い目を見てきた筆者は、まず目の前にあるものでできるだけ簡単な試作を作るところから始めます。そうするといろいろな問題点が見えるので、次の段階に進めます。いきなり大上段にふりかぶってものを作ってしまうと、後戻りできなくてやむなく廃棄などということになりかねません。

POINT まずはなるべく簡単な試作を作ってみよう。見栄えは無視！

キーとなる電子部品

まずはマイコンボード。機能としてはネコじゃらしをいくつかのパターンで回転させるだけなので、モーターを単純に制御できればOKです。複雑な作業をさせるわけではないので、ここはビギナー向けの教育用マイコンボード、micro:bitで事足りそうです。

モーターとしては、素直に回転サーボモーター（FS90R）を使うことにしました。ただし回転サーボモーター単体ではなく、「ベーシックモジュール用回転サーボモーターセット」を選びました。キットに付属のホイールやネジ類などを使いたかったからです。

ここでポイントとなるオススメのmicro:bit用モジュールをご紹介します。「WS（ワークショップ）モジュール」です。サーボモーターやセンサー用のコネクターを備え、かつ電源としても使えるので、micro:bitの電子工作にはうってつけです。これひとつあれば、スタンドアローンで（独立して）micro:bitが使えます。

主な電子部品

☐ micro:bit

初心者でも扱いやすい教育用マイコンボード。

入手先〈https://switch-education.com/products/microbit/〉

☐ 回転サーボモーター

360度回転もできるサーボモーター FS90R

入手先〈https://www.switch-science.com/products/5290〉

☐ WS モジュール

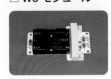

micro:bitに外部電子部品をつなぐときに便利。

入手先〈https://www.switch-science.com/products/5489〉

☐ ベーシックモジュール用回転サーボモーターセット

入手先〈https://switch-education.com/products/bitpak-rotation-servomotor-set/〉

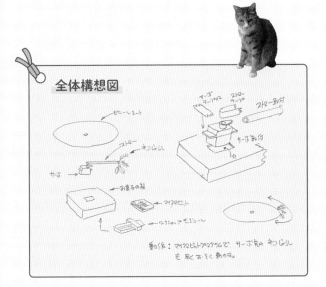

全体構想図

ネコじゃらしを取り付け、筐体に収める

ネコじゃらしと回転サーボモーターをどうつなぐか?

　全体構想図を眺めながら、どう作っていくか、考えます。最初の課題としてはネコじゃらしとサーボモーターの接続かな、と思いました。回転サーボモーターセットには「サーボホーン」と呼ばれるモーターの軸に接続するアダプター部品があります。当初はこれにストローをかぶせ、ストローの先にネコじゃらしをつけることを考えましたが、やってみるといかにも強度が足らなそうで、簡単にネコに壊されそうです。グルーで固めることも考えましたが、万が一にもネコを傷つける事態になったら大変です。強度を保ちつつ、かつ回転するネコじゃらしに強い

負荷がかかったらスポッと抜けるのが理想です。抜けないけど、いざとなれば抜ける。そんな矛盾した接続がのぞましいのです。

　3Dプリンターで「ネコじゃらし専用ホーン」を作る手もあります。ただ別の装置や技術が必要になり、ビギナーにはさらに難易度が上がるのでここでは使用を避けたい感じです。

(POINT) 安全性は一番大事。ネコちゃんを傷つける可能性がないか、常に考慮しよう!

いいものがあるじゃないか!

　うんうんいいながら、回転サーボモーターセットの付属パーツを眺めていると、ホイールが目に入りました。本来はゴムのカバーをかぶせてタイヤとして使うもので

す。中心に回転サーボモーターの軸が接続できる溝があり、サーボホーンの代わりになります。大きさもちょうどいいし、幅もそこそこあるので、穴を開けたらネコじゃらしの棒ぐらい差せそうです。

　さっそく小型のドリルで穴を開けました。嵌合(かんごう)を考えて最初は小さめに穴を開けます(約3mm)。ネコじゃらしの棒の先端も適当に削り、穴に差して様子をみます。この作業を繰り返し、ちょうど良いポイントを見つけていきました。

　ネコじゃらし用ホイールができたので、専用ネジで回転サーボモーターに取り付けます。モーターからのびているコードをWSモジュールのコネクターに差します。このとき注意するのが、プログラムで使った端子の番号とWSモジュールのコネクターの番号を

工作の手順

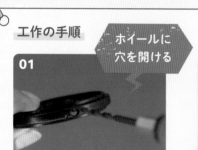

01 ホイールに穴を開ける

ホイールの側面にドリルで穴を開ける。径はおおよそでOK。

02 ネコじゃらしを差して調整

ネコじゃらしの先端を少し削っておく。穴に差してみて嵌合具合を見る。徐々に径を広げていく。

03 モーターとホイールを繋ぐ

穴が決まったら、ホイールをモーターにネジどめする。

作業していると「野次ネコ」が寄ってくることも。

合わせること、コードの色とコネクターの色を合わせること、その2点です。

(POINT) 電子部品からのびたコードにはそれぞれ役割がある。マイコンボードやモジュールに差すときはどのコネクターがその役割に対応するか、コードの色とコネクターの色を確認して接続しよう！

色を合わせる。

筐体は空き箱

　中心となる装置に目処がたったので、何かしら適当な箱を筐体にすることにしました。本家のおもちゃを参考にすると、本体部分の直径が約180mm、地面からネコじゃらしを差してある部分までの高さが約35mmといった感じです。このイメージに近い空き箱を探すと…ありました。先ごろ我が家で切れた環形蛍光灯（輪っかタイプ）が入っていた空き箱です。今時LEDじゃないところが悲しいです

が、役立つときが来ました。

　寸法を測ると一片が約230mmの正方形、高さも33mmとバッチリです。中央に回転サーボモーターが入る穴を開けると、すっぽりと収まりました。回転サーボモーターの筐体の両サイドにはポッチが出ているので、ここでとまり抜け落ちたりすることもありません。

　コードの先を穴に通して、WSモジュールに差すといい感じです。これで簡易的な筐体ができました。

モーターの線をモジュールに接続

04

モーターの線をWSモジュールに接続し、最後にmicro:bitを差す。

筐体にセッテング

05

箱の中央にモーター用の穴を開け、**04** を取り付ける。

カバーの取り付けがポイント

まずはシンプルな プログラムで動かす

次はプログラミングです。まずは、クルクル回転させて問題がないか見てみます。ここではともかく回転すればよしとします。

micro:bit に「試行用のプログラム」を書き込み、WS モジュールに差します（micro:bit や MakeCode については P124 〜 129「資料編 I micro:bit とは…」に詳しく出ています）。制御する端子の番号と WS モジュール上のコードを差す位置、コードの色を確認して差すようにします。間違えると作動しません。

ホイールにネコじゃらしを差し、WS モジュールに電池を入れて、スイッチオン。おお〜、いい感じに回転してます。ネコも興味深そうにじっと見てます。これならいけそうな感触です。すぐにスイッチを切り、ネコじゃらしを抜きました。完成したらたっぷり遊ばせてあげるから、もう少し待ってね。

あれ、カバーが とれちゃう!

あとはカバーがわりの新聞紙をかぶせてどうなるか？ ネコじゃらしの先がちょっと出るくらいの直径（約600mm）で新聞紙を切り、真ん中に穴を開けます。ホイールと回転サーボモーターをとめてある同じネジで新聞紙をとめ、回転させました。そのうち新聞紙がず

れて、取れてしまいました。
「さて困った…」

ネコじゃらしが回転するとカバーとこすれてカサカサ音がします。この音もネコの狩猟本能をくすぐります。ここはなんとか、カバーがわりの新聞紙を安定させたいところです。

無理を通せば 道理が引っ込む??

本家の方もよく見ると、本体の円形の先にネコじゃらしがつくようになっていて、先の方でしかネコじゃらしとカバーがふれない構造になっていました。カバーの中心部に近いところは本体の表面にしか触れないのでうまくすべってカバーはずれません。
「工夫してるんだなあ」
と思いました。

さてその構造を真似るべく、サーボモーターの取り付け位置を高くするとか、ネコじゃらしを長くするとかやってみたのですが、解決できません。

でも何かを作るときはたいていどこかでひっかかるものです。いろいろ考えてそれを克服するわけですが、その過程を逆に楽しむぐらいが趣味の工作としては健全です。イライラしてもたいてい解決にはつながりません。ネコの喜ぶ顔（？）を思い浮かべながらがんばりましょう。

(POINT) 試作でうまく動作しないのは当たり前のこと。イライラするより試行錯誤を楽しもう。

本家を見てて気づいたことがありました。よく見ると本家といえどネコじゃらしとカバーが若干

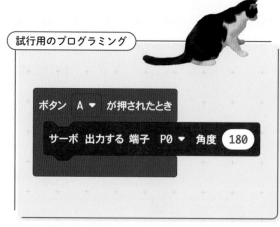

試行用のプログラミング

```
ボタン  A ▼  が押されたとき
    サーボ 出力する 端子 P0 ▼  角度  180
```

▲ 試行用のプログラミング。micro:bit のボタン A を押すとクルクル回転する。

ひっかかることがあります。それでもネコじゃらしが回転するうちにカバーが動いてひっかかりが解消されています。

そこで、ホイールの真ん中に細い軸を立てて、その上から新聞紙をかぶせることを思いつきました。これなら軸だけが回転して新聞紙はわずかに動くぐらいですむかも

しれません。手元にあった紙製ストローの径がちょうど合いそうだったので、約30mmに切ってホイールに固定することにしました。この固定はかなりしっかりしなければならないので、グルーで無理無理固めました。無理を通せば道理が引っ込む式で強引に軸を立てましたが、結局、これが正解。

やってみると、新聞紙に引っかかることなく、ネコじゃらしが回転します。「これなら」と思い、ネコたちの前で試すと反応も上々。

これでほぼほぼ先が見えてきました。完成までの道のりは8合目までは来た感じ。

「あとはプログラミングだけかな」

▲ カバー代わりの新聞紙をかぶせて実験。カサカサ音はちょうどいいが、どうしてもずれてしまう。

▲ ホイールの中心に軸として紙製ストローを立て、グルーで固める。

▲ 筐体に取り付ける。

▲ ネコじゃらしが回転しても新聞紙がずれることがなくなった。

ネコが喜ぶプログラムは…?

回転サーボモーターとプログラミング

サーボモーターは、何かを動かすときに回転軸を制御できる電子工作には欠かせない部品です。サーボモーターをうまく使いこなすことが、動きのある工作を作るときのキーポイントの一つです。

回転サーボモーターもサーボモーターの一種ですが、ちょっと特殊なところがあります。通常、サーボモーターは0〜180度の範囲で回転軸を制御しますが、回転サーボモーターは360度回転できます。ただし、MakeCodeのプログラム上は0〜180度で表現するので、ちょっとややこしいですが、慣れれば回転方向や・回転の速さを制御できる。

基本的には、MakeCode中の「サーボ 出力する 端子 P0 角度 180」のブロックを使います。制御のためのパラグラフとして変えられる数字は、端子の番号と角度になります

＊制御の方法
・「端子 P0」→数字はWSモジュールのコネクターに合わせます。「P0」または「P8」を指定します。
・「角度 180」→この数字が、回転方向と回転速度を決めます。回転方向は0〜89が時計回り（右回り）、90が停止、91〜180が反時計回り（左回り）となります。回転速度は、90を起点にして0に近づくにつれ（数字は減っていく）速くなります。同じく90を起点にして180に近づくにつれ（数字は増えていく）速くなります。まとめ

ると下の図の通りです。

回転サーボモーターは90で停止するのが理想なのですが、じりじり動いてしまうことも多く、なるべく停止した状態にするには、0点調整が必要です。

プログラム上で角度指定を89、91と微妙に変えるか、トリマポテンショメーターをドライバーでほんの少し左右に回して（気持ち回すか回さないか程度）、回転サーボモーターが停止したところでドライバーを離します。調整作業中は、

ほんの少し回す。

トリマポテンショメーター

＊トリマポテンショメーター…調整のための部品です。電流の抵抗値を変えます。

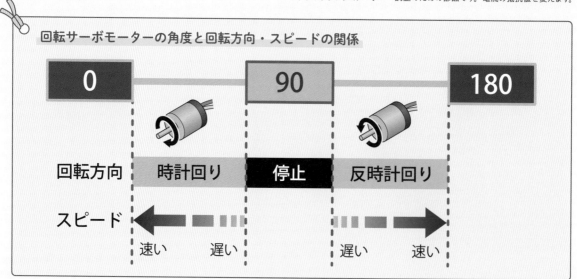

回転サーボモーターの角度と回転方向・スピードの関係

0	90	180
回転方向 時計回り	停止	反時計回り
スピード 速い 遅い		遅い 速い

サーボホーンなどをつけておくと
やりやすいです。

ネコじゃらしを
どう動かしたら
喜んでくれるか?

ここから先、ネコじゃらしをど
う動かすかはお好みでしかないで
すが、制御できるパラメーターと
しては、回転方向、回転速度、回転
の回数(作動時間で制御)、決めた
動作パターンの回数などがありま
す。ポイントは、停止をうまく入
れるところでしょうか。動いたり、
止まったり、逆回転したり、急にス
ピードが上がったり下がったり、
とネコが喜びそうなアクションを
加えてネコじゃらしを動かします。

筆者はまず以下のような動作を
させてみました。結構、喜んでく
れてるように思っています(飼い
主の自己満足かもしれませんが
…)

回転速度はネコの反応を見なが
ら、いろいろ調整して決めました。

自分としては遅過ぎず早過ぎで
ちょうどいいかなと思ってます。
このへんは好みですね。

プログラムができたら、micro:bit
に書き込みます。プログラム入り
のmicro:bitを、回転サーボモー
ターを差したWSモジュールに差
します。WSモジュールのスイッチ
をオンにして、micro:bitのそれぞ
れのボタンを押せば、動作が始ま
ります。

試してみて一つのパターンだけ
でなく、もう少し動作パターンが
あってもいいように感じました。
micro:bitにはA B二つのボタンが
付いていて、「Aボタンを押す」、「B
ボタンを押す」、「A+Bボタンを押
す」の3パターンを選べます。そ
れぞれのボタンに別の機能をもた
せることができるので、上記のシ
ンプルな動作パターンをAボタン

に、少し複雑な動作パターンをB
ボタンに、スピードを上げた動作
パターンをA+Bボタンに割り当
てました。

もっと使い勝手が
いいように

やってみて、ちょっと面倒だな
と思うことがありました。動作の
切り替えのたびに、箱から
micro:bitの差してあるWSモ
ジュールを取り出して、ボタンを
押し直す点です。そこで、
micro:bitをもう1枚用意して、通
信機能を使ってこれをリモコン代
わりにしてみました。使い勝手が
いいように、リモコン側にもオン
オフ機能付きの電池ボックスをつ
けてスタンドアローンで使えるよ
うにしました。

ボタンAを押すと…

時計回りに1回転
↓
停止2秒
↓
反時計回りに1回転
↓
停止2秒
↓
時計回りに1回転(以後ループ。繰り返し4回)
↓

ネコが喜ぶ(?)プログラム

ボタン A ▼ が押されたとき

くりかえし 4 回

サーボ 出力する 端子 P0 ▼ 角度 30
一時停止(ミリ秒) 2000 ▼
サーボ 出力する 端子 P0 ▼ 角度 90
一時停止(ミリ秒) 2000 ▼
サーボ 出力する 端子 P0 ▼ 角度 150
一時停止(ミリ秒) 2000 ▼
サーボ 出力する 端子 P0 ▼ 角度 90
一時停止(ミリ秒) 2000 ▼

見栄えもよくして完成…だがしかし…

見栄えも美しく!

きちんと機能できる最初の試作品ができました。大雑把に進めてきましたが、案外、うまくいった印象です。

筐体とカバーについては、空き箱と新聞紙でも手作り感があっていいのですが、見ているうちにもうちょっと見栄えもよくしたくなりました。

100円ショップをうろうろしてちょうどいい大きさの鉢植えプレートを見つけたので、これに穴を開けて、回転サーボモーターを、裏にWSモジュールを、両面テープで取り付けました。これで自由にmicro:bitが抜き差しできるし、スイッチのオンオフも楽です。

カバーはちょっとオシャレなデザインの布を生地屋さんで購入。素材はカサカサ音が出る薄手のプラスチックです。直径600mmに切り、中心部に直径30mmの穴を開け、ホイールの軸に差しました。これですべて完成です。

ネコ大喜び。でも… 悲しき「ネコあるある」

早速、我が家の「ハッピー」と「ミー」(P137で紹介)に試してみました。ネコたちの目の前でスイッチオン。リモコンボタンを押すと、回転するネコじゃらしにたちまちプラスチック生地のカバーがひっかかってしまいました。どうも、ある程度生地に重みがあるので、ネコじゃらしのバーに上から負荷がかかり、それが原因のようでした。

プラスチック生地を諦めて、元の新聞紙に戻します。再度スイッチオン!

ハッピーがまず近づいてきましたが、おっかなびっくりで反応はイマイチ。やがてミーがやってきてネコじゃらしに飛びつきます。

「おお、遊んでる、遊んでる!」

回転するネコじゃらしを追いかけるミー。反応は上々です。手作りおもちゃで遊ぶ姿に感無量…。

だがしかし…。

およそ10分ぐらいでしょうか、様子を見ていたハッピーは興味を無くしたようでどこかへ消えて行きました。ミーはなぜか、ネコじゃらしに飽きて、軸の方をかじり出す始末。

ここは一旦撤収して、日をおいて再度試みることにします。次までにプログラミングで動作パターンを変え、ネコじゃらしも別のものにしようかと。この辺の修正が簡単にできるのが、手作りのよさです。

ネコたちの喜ぶ姿を想像しながら、今日も手直しに励むのでした。

POINT ネコは基本的に本能に忠実で気まぐれな性格。「遊んでくれない」、「壊された」は、よくあること。めげずにがんばりましょう!

鉢植えプレートに穴を開け、回転サーボモーター一式を固定。

裏側にmicro:bitを差したWSモジュールをセット。

うまくできたつもりが…。

リモコン側（送信）

```
最初だけ
  無線のグループを設定 1
```

```
ボタン A ▼ が押されたとき
  無線で文字列を送信 "A"
```

モジュール側（受信）

```
最初だけ
  無線のグループを設定 1
```

```
無線で受信したとき receivedString
  もし ( receivedString = ▼ "A" ) なら
    くりかえし 4 回
      サーボ 出力する 端子 P0 ▼ 角度 30
      一時停止（ミリ秒） 2000 ▼
      サーボ 出力する 端子 P0 ▼ 角度 90
      一時停止（ミリ秒） 2000 ▼
      サーボ 出力する 端子 P0 ▼ 角度 150
      一時停止（ミリ秒） 2000 ▼
      サーボ 出力する 端子 P0 ▼ 角度 90
      一時停止（ミリ秒） 2000 ▼
```

リモコン代わり micro:bit と 電池ボックス。

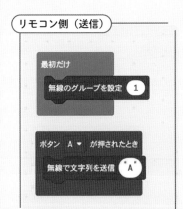

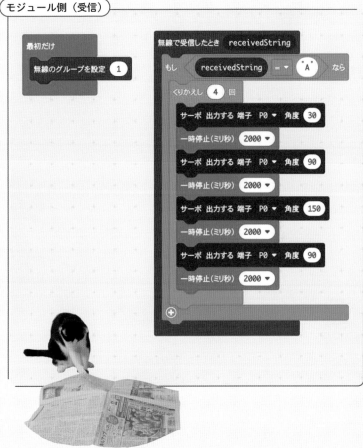

おっとっと・・・

試しに回転させるとたちまちネコじゃらしとカバーがからんでしまった。

興味津々のネコたち

カバーを新聞紙に変えて再トライ。

最後はミーに軸をかじられて終了！

これも「ネコあるある」。

ネコちゃんたちが工作で遊びました

キャットおどろく写真館

電子おもちゃ編1

回転式ネコじゃらしで遊ぶニャン!

なぜか中心の軸に注目。

「動くかな?」

回転するネコじゃらしに興味津々。

「おっと動いた!」

カサカサ音にみんな注目。

ネコじゃらしを
押さえて満足。

「もらった〜」
「持ってくな!」

「捕まえたニャン」

「あれ、
ニャンだ?」

「捕まえた〜っと!」

あなたのネコちゃんが好むゆれ方で
ネコじゃらしをゆらします

ネコわくわく　電子おもちゃ編 2

ゆらし方はプログラム次第
ゆらゆらネコじゃらしで
遊んでほしい！

難易度：🐾🐾⬜⬜⬜⬜

micro:bit とサーボでゆらゆらゆれる

今回のアイテム

ネコじゃらしはネコを喜ばす基本アイテムですが、手で動かすときにはいろいろなテクニックがあります。ゆっくり振る、激しく振る、振っては止める、ネコの気をひく動かし方は様々です。「電子おもちゃ編1」では回転式で表現しましたが、今回はゆらすことを基本にしたいと思います。

モチーフは花に近づく蝶々。ネコは大好きです。我が家のネコたちも、たまたま部屋に飛びこんだガやチョウの類を見つけると、もう狂喜乱舞です。

市販のネコおもちゃにも似たものがあります。いずれも、バネ性のあるワイヤーの先にネコの気を誘うひらひらルアー*をつけてゆらすスタイルです。あの動きをマ

イコンでコントロールしてみたいと思います。

基本的な構想としては、バネ性のあるワイヤーネコじゃらしとサーボモーターをつなぎ、micro:bitとWSモジュール（P9参照）で、制御すればOKという感じです。

サーボモーターは回転式ではなく、角度調整のみのものを使います。一般に「サーボモーター」といえばこのタイプです。

サーボモーターを横置きし、角度をつけて動かす動作を繰り返すことで、「ゆれ」を作ろうと思います。

キーとなる電子部品

まずはmicro:bit。単純なサーボモーターの制御なら専用のプログラミングアプリ・MakeCodeで簡

単にプログラムが作れます（詳細はP124〜129参照）。

モーターとしてはサーボモーター（FS90）を使います。「電子おもちゃ編1」で使った回転サーボモーター（FS90R）と形状はよく似ていますが、トリマポテンショメーターは付いていないので、底を見ればわかります。

micro:bitとサーボモーターとの接続にはWSモジュールを使いました。スタンドアローンでの使用が前提となるので、これを利用するのが圧倒的に楽です。

＊「ルアー」とは一般には「釣りで使う疑似餌」のことですが、ここでは「誘っておびき寄せるもの」を意味します。

全体構想図

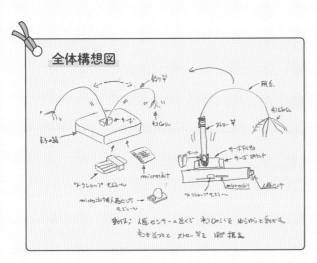

主な電子部品

□ サーボモーター

一般的なサーボモーターFS90

入手先〈https://switch-education.com/products/bitpak-servomotor-set/〉

ゆらゆらゆれるネコじゃらしを作る

ワイヤーにネコじゃらしを取り付け

ネコじゃらしは、市販品のワイヤーネコじゃらしを切って部品どりしました。

材料としてポイントになるのは、バネ性のあるワイヤーです。釣りのルアーなどを作るための超硬質ステンレス線（直径0.6mm）をネットで購入しました。

ネコじゃらしを扱っているとやじネコが寄ってきますが、今回は先の鋭いワイヤーを扱うので別室に移動してドアを閉め切りました。外でニャーニャー鳴いてますが、安全のためなのでやむを得ません。

POINT ネコを傷つける可能性のある材料や道具を扱うときは、侵入できない場所で行おう！

ネコじゃらしのワイヤーを

30mm残してカットします。ワイヤーは細くてバネ性があるので先端を処理しないと、工作には使えません。

まずは、ネコじゃらしと結ぶ側の先端を処理することにしました。強引に曲げて小さな輪を作り、先端を下向きにします。

こうしておけば、刺さるようなことはまずないはずです。とはいえ、先端が露出していることには変わりはないので、やはり落ち着かない感じがします。いろいろ思案した挙句、ワイヤーと同じ釣りがらみで「ガン玉」を使うことにしました。ガン玉は釣りのときに使う小さなラグビーボール型のおもりです。真ん中に溝が付いていて、ここに糸をはさんでペンチなどで押しつぶして圧着すると糸から外れなくなります。

同じ原理で、丸くしたワイヤー

の先端を軸といっしょに適当な大きさのガン玉にはさみ、しっかり圧着します。同じくネコじゃらしの先端とワイヤーの軸をガン玉で圧着します。

ただ見た目がイマイチなので、回転式ネコじゃらしでも使った紙製ストロー（P13参照）を約50mmに切り、カバーしました。さらに外れないよう両端をグルーガンを使ってグルーで固めました。先端を曲げ、ガン玉で固定し、かつカバーする、三重のガードを施しましたので、先端処理としては十分かと思います。

サーボモーターに取り付ける

次にネコじゃらしとサーボモーターの接続です。今回はサーボモーターセットに入っているサーボホーンを使うことにしました。

工作の手順

ネコじゃらしのヘッドを切る

01 ワイヤーなどについたネコじゃらしを、下を30mmほど残して切る。

ワイヤーの先を曲げる

02 購入したワイヤー（ステンレス線）を300mmにカットし、先端を丸くする。

ネコじゃらしとワイヤーを接続

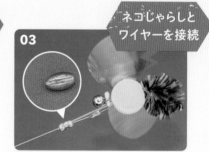

03 ネコじゃらしを輪に通し、それぞれのワイヤーの先端と先端をガン玉ではさみ、つぶして圧着する。

セットにはいろいろな形状のサーボホーンが入っていますが、涙目型のものを使いました。ゆらすだけなので一方向に伸びていればいいのと、接続用の穴がたくさん開いているので使い勝手がよさそうに思えたからです。

ここでも最終的なカバーには紙製ストローを使うことにしました。先ほどより長めの70mmにカットしました。ネコじゃらしを垂直に立たせ、かつゆらゆらできるようにするためです。

中にワイヤーをくぐらせ、涙目型サーボホーンの穴につなぎます。先端は強引に内側に曲げました。

この部分はサーボモーターごと筐体の中に入れてしまうので、先端処理はせず、上から紙製ストローをかぶせるだけにしました。ただしカバーが抜けないよう、サーボモーターセットに入っていたネジで、紙製ストローとサーボホーンをとめます。

こうしてできたワイヤーネコじゃらし付きサーボホーンをサーボモーターに付属の小ネジで取り

付ければ、中心部は完成です。

筐体はお菓子の空き箱

筐体には例によって空き箱を使いますが、少し大きめのものを使いました。理由は上でネコじゃらしをゆらすので、どうしても起点となるサーボモーターの左右に負荷がかかるからです。本番の筐体では、安定のための重さも必要になるでしょう。また上ぶたがあるものを用意しました。ネコじゃらしを換えるときなどに、処理が楽になるからです。

上ぶたの中央には、サーボホー

ンから伸びた紙製ストローが動けるよう、幅13mm、長さ140mmの長方形の穴を開けました。

ワイヤーネコじゃらし付きサーボモーターを、筐体の下箱の中央に少し強力な両面テープで貼り付けます。手でゆらした感じでは筐体は安定しています。これなら大丈夫そうです。

ネコじゃらしを穴から出し、上ぶたをかぶせれば工作としては完成です。

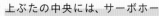

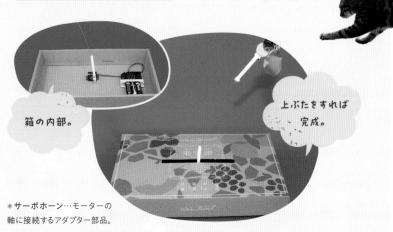

箱の内部。

上ぶたをすれば完成。

＊サーボホーン…モーターの軸に接続するアダプター部品。

カバーをつけ、接着

04

紙製ストローを50mmほどかぶせ、両端をグルーで固める。

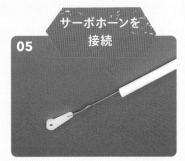

サーボホーンを接続

05

紙製ストローを通してから反対側の先端にサーボホーンを取り付ける。

サーボモーターに接続

06

05に紙製ストローをかぶせ、ネジで固定。サーボモーターに取り付ける。

✿ プログラミング編

あなたのネコにあったゆらし方を!

プログラムにひと工夫

プログラムですが、ゆらゆらとワイヤーを動かすには、サーボモーターの軸の角度と動かす時間、繰り返しの回数がポイントになります。角度の決め方ですが、中央、つまりネコじゃらしと筐体が直角になる位置にサーボモーターの軸が来たとき0度になるようサーボホーンを軸に取り付けました。そこを起点に向かって右側がプラスの角度、左側をマイナスの角度とします。つまり、角度の範囲としては、マイナス90度～0度～プラ

ス90度となります。

まずは、基本となるプログラムです。各々の角度を維持する時間の方は仮に約0.2秒としました。つまり0.2秒間はその角度を維持し続けます。

角度は10度、20度、45度、90度とそれぞれ試してみました。やってみると、10度、20度では振れ幅が小さく、あまりゆらゆらしません。45度と90度を試しましたが、10度、20度のときよりは振れますが、あまり大きな差が出ません。そこで、わかりやすいように180度の幅で使えるよう、「90」

と「-90」に設定しました。

次に角度を維持する時間を変えました。0.2秒、0.5秒、1秒とすると結構振れ幅が違います。どんなゆらし方にするかは好みですが、0.5秒ぐらいが適切に思えたのでパラグラフ（数値）を変えてみます。結構いい感じのゆれになりました。

完成したプログラムが下の通りです。

このあたりはやってみて、ネコちゃんの反応をみながら、変えてください。

(POINT) **プログラム上のパラグラフ**

ネコじゃらしをゆらすプログラム

ゆれるネコじゃらしに興味津々のネコたち。

▲ボタンAを押すと、サーボモーターが動いて、ネコじゃらしがゆれる。

（数値）を変えていろいろ試してみよう。試すことで最適値が見つかる。

まずはお試し

端子の番号と位置関係を確認しながら、サーボモーターのコードをWSモジュールに差します。プログラムを書き込んだmicro:bitもセットします。

上ぶたをかぶせ、WSモジュールのスイッチをオンにし、micro:bitのAボタンを押します。いい感じでゆらゆらしてくれました。いけそうです。

ただサーボモーターの取り付け

を縦ではなく横にした関係で、実質的に片側にしか傾きません。しかし、ゆれ方を見ていると、このままでも十分機能するように思えます。

ネコたちに披露する前に、使い勝手のいいように、リモコン用にもう一個micro:bitを用意しました。書き換えたプログラムは下の通りです。

完成したゆらゆらネコじゃらしをネコたちの前におくと、おっかなビックリで近づいてきました。ネコじゃらし部分を手ではたいたりしています。間髪入れずリモコ

ン用micro:bitのボタンAを押しました。急にゆれ出したネコじゃらしに最初はパッと逃げましたが、好奇心には勝てないようで再び寄ってきます。今度は盛んにネコじゃらしに反応しています。その姿にこちらも感無量です。

…とはいえ、10分も遊ぶと飽きたのか、その場を離れていきました。毎度のこととはいえ、ちょっと残念ですが、まあこんなもんだろうと諦めます。しばらく時間をあけて、また使おうと思いました。

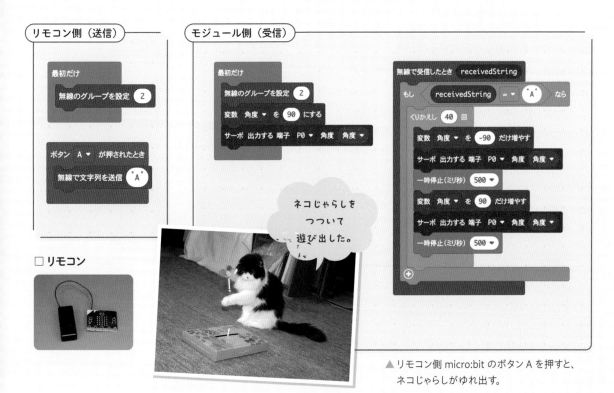

▲ リモコン側 micro:bit のボタン A を押すと、ネコじゃらしがゆれ出す。

応用編

ネコが動けばネコじゃらしがゆれる

こんな仕掛けはいかが?

　毎回同じ趣向では飽きられるかと思い、違う工夫もしてみたくなりました。ネコが通りかかったときに、いきなりゆらゆらゆれたら興味をひけそうです。そこでスイッチングに人感センサーを使うことにしました。

　人感センサーは、動くものがあればそれに反応し、スイッチングしてくれるセンサーです。検出距離は最大で5m。人を検知するとデジタルの値が「0」に、検知していない状態では「1」になります。

　工作としては、センサー用の穴を側面に開けるだけです。

　プログラムは下の通りです。

　センサーによって動くものが検出されるとデジタル信号が出され、サーボモーターを動かすトリガー(引き金。きっかけのこと)になります。端子としては、P0はすでにサーボモーターで使っているのでP1を使いました。

　人感センサーをWSモジュールにつなぎ、プログラムを書き込んだmicro:bitを差します。スイッチをオンにして上ぶたをかぶせます。

果たしてネコの反応は?

　我が家のネコたちがやってきました。箱に近づくと、突然ネコじゃらしがゆれます。ミーはさっと逃げてしまい、その後は近づこうとさえしません。ハッピーは最初はギョッとしながらも、その後は興味をそそられたようで、ゆれるネコじゃらしに飛びついて、遊び出

使った電子部品

□ 人感センサー

人やものが動くとそれをセンシングして作動する。
入　手　先〈https://switch-education.com/products/microbit-pir-sensor/〉

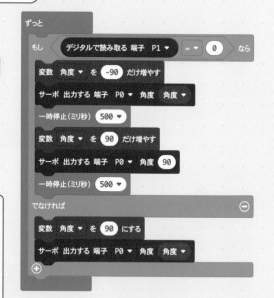

▲人感センサーに近づくと、
ネコじゃらしがゆれ出すプログラム。

しました。

　こんな工夫も楽しいかと思います。

<u>POINT</u> 工作とプログラミングでいろいろなことができる。ネコが喜ぶ工夫が何かできないか、いつも考えよう。

｜ 見栄えを整える

　お菓子の空き箱でも筐体としては問題ないように思いましたが、もう少し見栄えをよくしようと別のものを用意しました。料理等の保存に使うタッパーです。100円ショップに行けばいろいろなタイプのものが売っています。原材料もたいていはポリプロピレンなど比較的やわらかいプラスチックが使われており、加工が容易です。

　上部のふたの中央に長方形の穴を、側面には人感センサー用の丸穴を開け、中にサーボモーター、WSモジュールなどシステム一式をセッティングしました。

　見栄えはぐっとよくなり、動きも問題ありません。

　ネコたちもよく遊んでくれます。飽きたら先端のネコじゃらしを変えたり、プログラムを工夫してゆらすスピードを変えるなどできそうです。いろいろ考えると、それだけで楽しくなってきます。遊ぶネコたちを見ながら、いろいろ浮かぶアイデアに思わずニヤニヤしてしまいました。

突然ゆれ出した
ネコじゃらしに
思わず手が出る。

▲ 見栄えを良くした完成形。

タッパに一
システム一式を
収納。

ネコちゃんたちが工作で遊びました

キャットおどろく写真館

電子おもちゃ編2
ゆらゆらネコじゃらしで遊ぶニャン！

ゆれる
ネコじゃらしから
目が離せない。

最後には
ネコじゃらしをおさえて
寝転がってしまった。

「もう我慢できない！」
思わず手が出る。

「捕まえたいニャー」

動きにつられて
全員集合。

「わ、 ゆれ出した!
手が出ちゃうニャン」

「こりゃニャンだ?」

ネコじゃらしを見て。
「お、 なんだ、 やるか!」

「なんか
気になるニャー」

がまんできなくて
思わずガブリ。

あなたのネコちゃんが
壁に映った光を追いかけます。

ネコわくわく　電子おもちゃ編 3

壁に映った光を追いかける
ネコライトで
遊んでほしい！

難易度：🐾🐾🐾🐾🐾

LED の光をマイコンであやつる

今回のアイテム

　窓辺から差しこむ光が腕時計のガラスなどに反射して、暗いところに映った光をネコちゃんが追いかける。そんな光景を見たことはありませんか？　ネコは光が大好きです。市販のネコおもちゃにも様々な光を作ってネコちゃんと遊ぶグッズがあります。それを電子ニャン工作で再現してみたいと思います。

　薄暗い室内で懐中電灯の光などを壁に移すと、ネコはあきもせず、追いかけてくれます。でもどうせなら、形や色を変えたり、アニメにしたりとプロジェクションすれば、ネコが喜んでくれて楽しそうです。LEDをマイコンでコントロールするプロジェクターを作りたい

と思います。

　光そのものの調節はマイコンでできますが、鮮明な画像を作るにはレンズが必要です。レンズを使うとなると、光源からレンズまでの距離（焦点距離）、レンズからスクリーン（壁）までの距離など、を考えることがポイントになります。

　基本的な構想としては、遮光性のある筐体を用意し、先端にレンズ、後端に光源となる装置をセッティングします。構造は単純ですが、どんなレンズを使うかによって、焦点距離が決まってくるので、筐体の大きさ、長さなどが変わります。また光源の強さによっても像の明るさは変わります。意外に試してみないとわからないことが多く、それなりに手間がかかりそうです。まあ、その手間が楽しい

のですが…。

　全体としては下の図のような構成になります。

　いつもなら、目の前にあるもので簡単な試作を作るのですが、今回はレンズという大きなポイントがあるので、100円ショップの拡大鏡ルーペで使われているものを自分の目でチェックして入手しました。筐体についても遮光性の問題があるので、使えそうなものを集めてみました。

　筐体、レンズ、光源の組み合わせが今回は工作のポイントになります。「100円だから」と買ってはみたものの全部が全部使えるわけではないので、もったいない感はぬぐえません。しかし実はこの中に大当たりの組み合わせがあったのです。

全体構想図

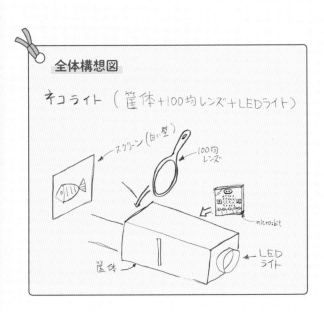

ネコライト（筐体＋100均レンズ＋LEDライト）

スクリーン（白い壁）

100均レンズ

micro:bit

筐体

LEDライト

主な電子部品

□ フルカラー LED ボード（matrix）

NeoPixel という LED を使ったボード。

入手先 〈https://switch-education.com/products/microbit-ledboard-matrix/〉

レンズ、筐体、ライトがポイント

焦点距離を探る

薄暗い室内で筐体から1mぐらいの床や壁になるべく鮮明な像を映せることが理想です。筐体の長さは30cmぐらいまでに収めたいところです。まずはどのレンズが使えそうか、実験してみました。

光源としてはmicro:bit搭載のLEDを使うことにしました。25個のLEDがすべて点灯するプログラムを作って光らせます。電源には電池ボックスを使いました。

光源は固定で、筐体はこの段階では使いません。知りたいのはレンズと光源の位置関係なので、壁までの距離や像の明るさは気にしないことにしました。暗いところで各種レンズをかざして、光を白い壁に映します。

像が結べなかったり、結べても近すぎるなど、結果はいろいろです。最終的にレンズA（口径6cm）、レンズB（口径4cm）の大小2つのレンズとカードレンズ（8cm×4cm）の3種を選びました。それぞれ、大雑把な焦点距離は10cm～20cmという感じだったので筐体には入りそうです。

(POINT) わからないことは大雑把でもいいので実験で確認しよう。

筐体にお菓子の空き箱を使ってみる

レンズの大きさから考えて菓子箱が適当な筐体になりそうだったので、使うことにしました。長さは約24cm。先端にレンズを固定し、micro:bitを6cm、12cm、18cm、24cm（後端）と距離を変えて設置しました。この組み合わせでどれが理想に近い、50cm以上先の白い壁に像が映せるか、探ります。

固定にはセロテープを使いました。くっつけたり外したりでだんだん菓子箱がへたっていきますが、想定内です。

▲ 集めた各種のレンズ。

▲ 筐体に使えそうな箱を集めた。

▲ 筐体なしで焦点距離を探る。

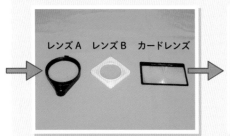
▲ 実験に使った3種のレンズ。

▲ 菓子箱にスリットを開ける。

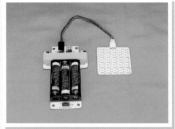
▲ フルカラーLEDボードはWSモジュールに接続。

実験に取り組むことおよそ1時間。組み合わせとしては、光源までの距離を24cmにしたときのレンズA、12cmにしたときのレンズBとカードレンズの3つが使えそうです。いずれも50～80cmぐらい先で、ある程度見える像を結びました。

新アイテム登場で一気に明るく

レンズは3種までしぼれたのですが、どうにも気になる点が出てきました。

明るさは周りの暗さとの兼ね合いでもあるのですが、そもそも足りないように思えます。プログラムを修正して明るさを最大値にしてみます。それでも物足りなさは拭えません。思案の挙句、新アイテムを導入しました。**フルカラーLEDボード**です。

25個のフルカラーLEDが載っているボードで、各LEDは個別にコントロールすることができます。**これだと色の変化をつけることができるので、作れる像のバリエーションが一気に広がります。**今回はmatrix状に配置されたものを使いました。大きさもほぼmicro:bitと同じで扱いやすそうです。micro:bitとの接続にはWSモジュール（P9参照）を使用します。

プログラムで全LEDを白色点灯させると明るさはハンパではありません（プログラムはP35参照）。あらためてレンズA、レンズB、カードレンズを試しましたが、昼間の室内でも像はぐっと明るくなりました。

micro:bit 搭載 LED での実験結果

① レンズ A（光源まで 24cm）

かろうじて像を結んだ。

② レンズ B（光源まで 12cm）

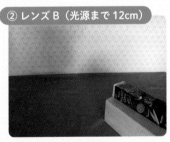

くっきりとした像が現れた。

③ カードレンズ（光源まで 12cm）

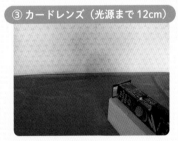

なんとか像を結んだ。

フルカラー LED ボードでの実験結果

① レンズ A（光源まで 24cm）

明るく、はっきりした像を結んだ。

② レンズ B（光源まで 12cm）

はっきりした像だが、やや大きい。

③ カードレンズ（光源まで 12cm）

結んだ像は少しぼんやりしていた。

筐体も決まった

100円ショップで手に入れた筐体候補にちょうどいいものがありました。先端にはレンズが活かせそうな大きさの穴が開いています。後端は蓋状になっており、取り外し可能でコードの出し入れに都合のいい小穴まで開いています。

レンズをセロテープで先端の外側に、LEDボードを両面テープで後端の内側に貼り付け、WSモジュールを同じく両面テープで外側に固定すると、もうバッチリ。後端の穴から出たコードをワークショップモジュールに差せば完成

です。

最後にどれをレンズとして採用するか？　できあがった筐体に貼り付けて試してみたところ、それぞれ特徴がありました。

レンズAは壁まで70cmぐらいのところで鮮明な画像が得られます。ただそれ以上になると像が大きくなりすぎて微妙です。レンズBは壁まで70cmでは像を結べません。カードレンズは30cmまで壁に近づけると画像が鮮明ですが、ちょっと使いにくそうです。

最終的にレンズAとLEDボードの組み合わせを筐体に組み込む形にしました。

結果的に100円ショップのものだけでできました。電子部品を除けば4アイテムで400円。予算的にはリーズナブル。うまい筐体が見つかったおかげです。

(POINT) どう使えるかわからないので、予算の範囲内で材料は多めにそろえよう。

「さあ、どんなプロジェクションでネコたちを喜ばせてやろうか？」

腕を撫してプログラミングに取り組みます。

筐体に組みこんだフルカラー LED ボードでの実験結果

① レンズ A（壁まで 70cm）	② レンズ B（壁まで 70cm）	③ カードレンズ（壁まで 30cm）
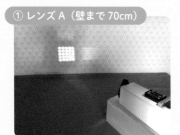	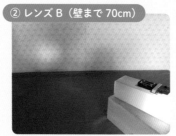	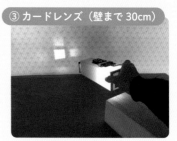
明るく、はっきりした像を結んだ。	像が結べない。	近づけると像を結んだ。

完成した
ネコライト。

◀内側に
フルカラー LED ボードを
貼り付けた。

✿ プログラミング編

ネコが喜ぶプロジェクションとは?

甘く見たのが運のツキ

幸運に恵まれ、いい筐体が見つかったのに比べて、プログラミングには手間取ってしまいました。理由は油断。

「Lチカ(LEDをチカチカ点灯させること)はマイコンボードの基本だし、micro:bit搭載のLEDを制御するプログラミングは簡単だから、フルカラーLEDボードでも問題ないだろう」

勝手に思ってました。まあ、よ

くあることですが…。

今回使うフルカラーLEDボードのLEDは、Adafruit社の「NeoPixel」という製品です。制御のための拡張機能がMakeCodeにも用意されています。

LEDが違えばプログラミング上のお作法が変わります。これを理解しないでmicro:bit搭載LEDと同じようにプログラミングしたらハマってしまいました。

まずはMakeCodeに拡張機能NeoPixelを追加します(詳細は下

記)。様々なブロックが使えるようになりました。販売元・スイッチエデュケーションのチュートリアルページには、最初の設定方法が載っていたので、それを参考に実験のための全LED白色発光プログラムを作りました。

次に魚の形に変えようと、プログラミングしました。LEDは5×5のマトリックス状に配置されているので、多少面倒でも座標指定すれば形は作れます。手作りの座標チャートを作って確認しながら

NeoPixel 関連拡張ブロックの追加方法

01

02

03

MakeCode のツールボックスにある「拡張機能」(01)をクリックすると、別ウインドウが開くので、NeoPixel をクリックする(02)。MakeCode の画面にもどると、NeoPixel 関連のブロックが追加になっている(03)。

全 LED 白色発光プログラム

スイッチエデュケーション・フルカラー LED ボード・チュートリアルページ

URL https://learn.switch-education.com/microbit-md-tutorial/20-neopixel.html

指定しました。

　どうせなら点滅させたいと思い、プログラミングしました。

　ところがまったくこれが機能しない。シミュレーション上も点滅しません。形は座標で指定したし、点滅は「表示を消す」と「一時停止」ブロックの組み合わせで作ったつもりでいました。

　我流でいろいろアレンジしてみたのですが、うまくいきません。ちょっと嫌気がさしてきた頃ふと思いました。「複雑なプログラミングではないので、なんか根本的なところが違っているのでは？」

　疑問をもちました。

　POINT プログラミングでうまくいかないときは基本にもどろう

　あらためてチュートリアルを読むとNeoPixelを使うにはいくつか基本的なお作法があることがわかりました。同ページのサンプルで取り上げていたのがサークル型のLEDボードだったので、matrix型とは違うと思いこみ、読み飛ばしていたのです。

　POINT プログラミングでは思いこみは危険。うまくいかなければ1回冷静になろう。

NeoPixelのお作法

　主に4つのお作法があることがわかりました。

❶「最初だけ」ブロックでLEDを設定

　NeoPixelの拡張機能を入れ、変

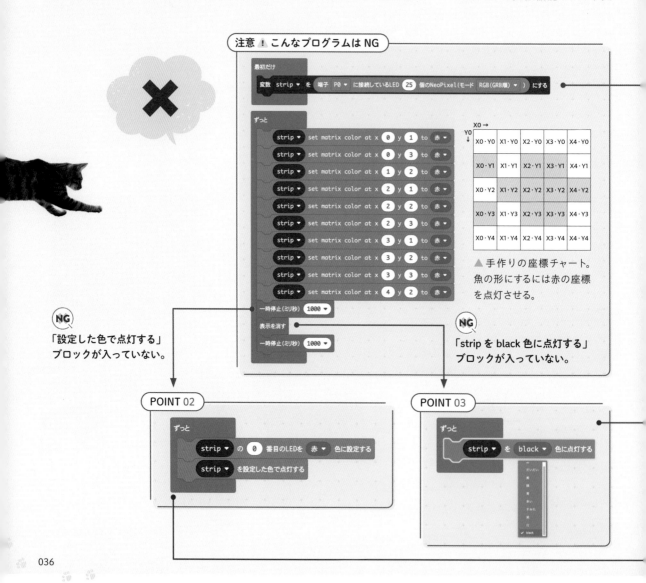

注意 ⚠ こんなプログラムは NG

最初だけ
変数 strip ▾ を 端子 P0 ▾ に接続しているLED 25 個のNeoPixel(モード RGB(GRB順) ▾) にする

ずっと
strip ▾ set matrix color at x 0 y 1 to 赤 ▾
strip ▾ set matrix color at x 0 y 3 to 赤 ▾
strip ▾ set matrix color at x 1 y 2 to 赤 ▾
strip ▾ set matrix color at x 2 y 1 to 赤 ▾
strip ▾ set matrix color at x 2 y 2 to 赤 ▾
strip ▾ set matrix color at x 2 y 3 to 赤 ▾
strip ▾ set matrix color at x 3 y 1 to 赤 ▾
strip ▾ set matrix color at x 3 y 2 to 赤 ▾
strip ▾ set matrix color at x 3 y 3 to 赤 ▾
strip ▾ set matrix color at x 4 y 2 to 赤 ▾
一時停止(ミリ秒) 1000 ▾
表示を消す
一時停止(ミリ秒) 1000 ▾

X0 →
Y0 ↓

X0・Y0	X1・Y0	X2・Y0	X3・Y0	X4・Y0
X0・Y1	X1・Y1	X2・Y1	X3・Y1	X4・Y1
X0・Y2	X1・Y2	X2・Y2	X3・Y2	X4・Y2
X0・Y3	X1・Y3	X2・Y3	X3・Y3	X4・Y3
X0・Y4	X1・Y4	X2・Y4	X3・Y4	X4・Y4

▲ 手作りの座標チャート。魚の形にするには赤の座標を点灯させる。

NG
「設定した色で点灯する」ブロックが入っていない。

NG
「strip を black 色に点灯する」ブロックが入っていない。

POINT 02
ずっと
strip ▾ の 0 番目のLEDを 赤 ▾ 色に設定する
strip ▾ を設定した色で点灯する

POINT 03
ずっと
strip ▾ を black ▾ 色に点灯する

数「strip」を追加します。この場合の「strip」がNeoPixelのLEDを表すよう最初に設定します。「変数stripを端子P0に接続しているLED24個のNeoPixel（モードRGB（GBR順））にする」ブロックで、接続した端子とLEDの数を指定します。必ずこれをしないとNeoPixelは使えません。もっとも重要なお作法です。今回は接続端子としてP0を、LEDの数を25個にします。

matrixのLEDボードなので、結果がシミュレーション上でもわかるよう、最終的にはmatrixに関する2つのブロック（「strip set matrix width 5」「neopixel matrix width pin P0」〈入出力端子→その他〉のところにある）を追加しました。

❷「設定」したら最後に「設定した色で点灯する」ブロックを使用

実はすべてのLEDを同時に同じ色にする「stripを●色に点灯する」ブロックを使うときはそれ以上の

作業は不要ですが、LEDの色を個別に設定する場合は「設定した色で点灯する」ブロックを最後に加える必要があります。

「設定」は文字通り設定するだけで「点灯」を意味しません。「設定」という言葉の印象からすると、「設定した結果」までを含んでいるように考えがちですが…。

micro:bit搭載LEDを使うときは、単色（赤）だけなので「設定」という概念はありません。同じLEDで

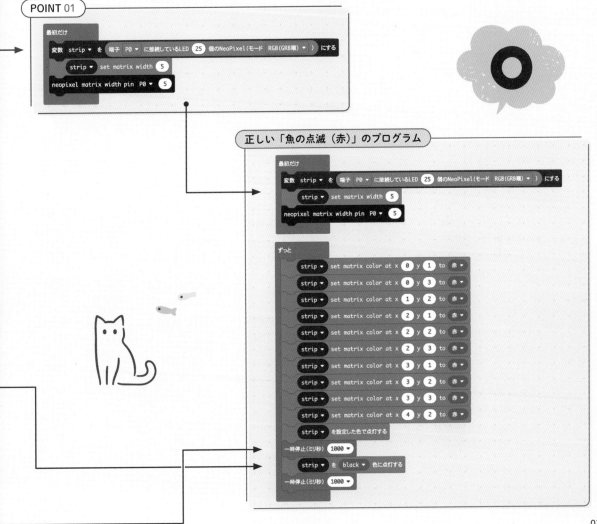

POINT 01

正しい「魚の点滅（赤）」のプログラム

もNeoPixelのそれはmicro:bitとは、プログラミング上異なることを意識する必要があります。

❸「LEDを消す」は「『black』の点灯」と同じ

点灯したLEDを消すにはどうすればいいのか？　NeoPixel関連のブロックに「消す」はありません。そこでやむなく「基本」にある「表示を消す」ブロックを使ったのですが、機能しませんでした。

実はNeoPixelの「LEDを消す」作業は「『black』の点灯」を意味しています。これに気がつかないとプログラミングは難しくなります。LEDの色を変えるとき、なぜ「black」があるのか不思議だったのですが、これがわかって納得しました。

❹プログラミングは「0」から始まる

これはNeoPixelだけの話ではありませんが、プログラミングの世界には「数字は0から始まる」という大原則があります。座標で個別のLEDを指定する場合、勘違いしやすいところなので、注意する必要があります。

4つのお作法を守って、新たにプログラミングしていきました。

| 魚を点滅

まずは、白色全点灯から魚の形に変えてみました。座標チャートを作って、点灯位置を確認してからプログラミングしていきます。

最後に「設定した色で点灯する」ブロックを入れ、その後に「一時停止」ブロックで点滅の間隔を決め、最後に「stripを『black』色に点灯する」ブロックと「一時停止」ブ

ロックを入れます。魚そのものは赤にしました（P37参照）。

やってみるといい感じで点滅します。昼間でも多少暗い部屋なら十分に見えます。青も試しましたが、こちらはイマイチ見えませんでした。

| ボタンでパターン変化を演出

魚以外にも、足跡、骨、ネズミと作ってみました。若干、苦しいところもありますが、まあ見えなくもない、という感じです。ポイントはレンズを通しているので、壁に映した時は天地が逆になるという点です。いったん白紙のチャートを塗りつぶし、逆さにしてから、座標の入ったチャートに写し変えました。

ネコが喜びそうなタイミングで、パターンを変えることができるよう、それぞれをボタンA、B、A+Bに割り当てました。

| アニメーション「泳ぐ魚」に挑戦

プログラミングの最後に魚が泳

いでいく簡単なアニメーションを作ることにしました。関数を使うことも考えましたが、どうもうまくいきません。結局、シーンを9つに分け、それらをつなげて1本のアニメに見えるようにプログラミングしてみました。手間はかかりましたが、シーンごとに座標チャートをつくり、シミュレーションをチェックしながらX軸とY軸の数値を指定していきました。

ポイントは、シーンからシーンに移る際、座標によっては消さなければならないLEDがあることです。そこは「black」で確実に設定していきます。プログラムは上下に長くなってしまいましたが、なんとかそれらしいアニメになりました。

| 果たしてネコの反応は？

3種類のプログラムをネコたちに試します。

まずは赤い魚が点滅するパターンを試しました。ドキドキのスイッチオン。こちらとしては、壁に映った映像に狂喜乱舞する姿を想像したのですが、そうはなりませんで

ネコライトで「魚の点滅」をプロジェクション。思わず振り返る。

最初だけ
変数 strip ▼ を 端子 P0 ▼ に接続しているLED 25 個のNeoPixel(モード RGB(GRB順) ▼) にする
strip ▼ set matrix width 5
neopixel matrix width pin P0 ▼ 5

足跡

ボタン A ▼ が押されたとき
strip ▼ set matrix color at x 0 y 3 to 赤 ▼
strip ▼ set matrix color at x 1 y 0 to 赤 ▼
strip ▼ set matrix color at x 1 y 1 to 赤 ▼
strip ▼ set matrix color at x 1 y 2 to 赤 ▼
strip ▼ set matrix color at x 2 y 0 to 赤 ▼
strip ▼ set matrix color at x 2 y 1 to 赤 ▼
strip ▼ set matrix color at x 2 y 2 to 赤 ▼
strip ▼ set matrix color at x 2 y 4 to 赤 ▼
strip ▼ set matrix color at x 3 y 0 to 赤 ▼
strip ▼ set matrix color at x 3 y 1 to 赤 ▼
strip ▼ set matrix color at x 3 y 2 to 赤 ▼
strip ▼ set matrix color at x 4 y 3 to 赤 ▼
strip ▼ を設定した色で点灯する
一時停止(ミリ秒) 2000 ▼
strip ▼ を black ▼ 色に点灯する

骨

ボタン B ▼ が押されたとき
strip ▼ set matrix color at x 0 y 0 to だいだい ▼
strip ▼ set matrix color at x 0 y 1 to だいだい ▼
strip ▼ set matrix color at x 0 y 2 to だいだい ▼
strip ▼ set matrix color at x 0 y 3 to だいだい ▼
strip ▼ set matrix color at x 1 y 1 to だいだい ▼
strip ▼ set matrix color at x 1 y 2 to だいだい ▼
strip ▼ set matrix color at x 2 y 1 to だいだい ▼
strip ▼ set matrix color at x 2 y 2 to だいだい ▼
strip ▼ set matrix color at x 3 y 1 to だいだい ▼
strip ▼ set matrix color at x 3 y 2 to だいだい ▼
strip ▼ set matrix color at x 4 y 0 to だいだい ▼
strip ▼ set matrix color at x 4 y 1 to だいだい ▼
strip ▼ set matrix color at x 4 y 2 to だいだい ▼
strip ▼ set matrix color at x 4 y 3 to だいだい ▼
strip ▼ を設定した色で点灯する
一時停止(ミリ秒) 2000 ▼
strip ▼ を black ▼ 色に点灯する

ネズミ

ボタン A+B ▼ が押されたとき
strip ▼ set matrix color at x 0 y 0 to 紫 ▼
strip ▼ set matrix color at x 0 y 1 to 紫 ▼
strip ▼ set matrix color at x 0 y 2 to 紫 ▼
strip ▼ set matrix color at x 1 y 1 to 紫 ▼
strip ▼ set matrix color at x 1 y 2 to 紫 ▼
strip ▼ set matrix color at x 1 y 4 to 紫 ▼
strip ▼ set matrix color at x 2 y 0 to 紫 ▼
strip ▼ set matrix color at x 2 y 1 to 紫 ▼
strip ▼ set matrix color at x 2 y 2 to 紫 ▼
strip ▼ set matrix color at x 2 y 3 to 紫 ▼
strip ▼ set matrix color at x 3 y 2 to 紫 ▼
strip ▼ set matrix color at x 3 y 3 to 紫 ▼
strip ▼ set matrix color at x 4 y 4 to 紫 ▼
strip ▼ を設定した色で点灯する
一時停止(ミリ秒) 2000 ▼
strip ▼ を black ▼ 色に点灯する

足跡

X0 →				
X0・Y0	X1・Y0	X2・Y0	X3・Y0	X4・Y0
X0・Y1	X1・Y1	X2・Y1	X3・Y1	X4・Y1
X0・Y2	X1・Y2	X2・Y2	X3・Y2	X4・Y2
X0・Y3	X1・Y3	X2・Y3	X3・Y3	X4・Y3
X0・Y4	X1・Y4	X2・Y4	X3・Y4	X4・Y4

Y0 ↓

ネズミ

X0 →				
X0・Y0	X1・Y0	X2・Y0	X3・Y0	X4・Y0
X0・Y1	X1・Y1	X2・Y1	X3・Y1	X4・Y1
X0・Y2	X1・Y2	X2・Y2	X3・Y2	X4・Y2
X0・Y3	X1・Y3	X2・Y3	X3・Y3	X4・Y3
X0・Y4	X1・Y4	X2・Y4	X3・Y4	X4・Y4

Y0 ↓

骨

X0 →				
X0・Y0	X1・Y0	X2・Y0	X3・Y0	X4・Y0
X0・Y1	X1・Y1	X2・Y1	X3・Y1	X4・Y1
X0・Y2	X1・Y2	X2・Y2	X3・Y2	X4・Y2
X0・Y3	X1・Y3	X2・Y3	X3・Y3	X4・Y3
X0・Y4	X1・Y4	X2・Y4	X3・Y4	X4・Y4

Y0 ↓

最初だけ

変数 strip ▼ を 端子 P0 ▼ に接続しているLED 25 個のNeoPixel(モード RGB(GRB順) ▼) にする

strip ▼ set matrix width 5

neopixel matrix width pin P0 ▼ 5

LEDの
光り方

ずっと

strip ▼ set matrix color at x 0 y 2 to 赤 ▼
strip ▼ を設定した色で点灯する
一時停止(ミリ秒) 1000 ▼
strip ▼ set matrix color at x 0 y 1 to 赤 ▼
strip ▼ set matrix color at x 0 y 2 to 赤 ▼
strip ▼ set matrix color at x 0 y 3 to 赤 ▼
strip ▼ set matrix color at x 1 y 2 to 赤 ▼
strip ▼ を設定した色で点灯する
一時停止(ミリ秒) 1000 ▼
strip ▼ set matrix color at x 0 y 1 to 赤 ▼
strip ▼ set matrix color at x 0 y 2 to 赤 ▼
strip ▼ set matrix color at x 0 y 3 to 赤 ▼
strip ▼ set matrix color at x 1 y 1 to 赤 ▼
strip ▼ set matrix color at x 1 y 2 to 赤 ▼
strip ▼ set matrix color at x 1 y 3 to 赤 ▼
strip ▼ set matrix color at x 2 y 2 to 赤 ▼
strip ▼ を設定した色で点灯する
一時停止(ミリ秒) 1000 ▼
strip ▼ set matrix color at x 0 y 1 to black ▼
strip ▼ set matrix color at x 0 y 3 to black ▼
strip ▼ set matrix color at x 0 y 2 to 赤 ▼
strip ▼ set matrix color at x 1 y 1 to 赤 ▼
strip ▼ set matrix color at x 1 y 2 to 赤 ▼
strip ▼ set matrix color at x 1 y 3 to 赤 ▼
strip ▼ set matrix color at x 2 y 1 to 赤 ▼
strip ▼ set matrix color at x 2 y 2 to 赤 ▼
strip ▼ set matrix color at x 3 y 2 to 赤 ▼
strip ▼ を設定した色で点灯する
一時停止(ミリ秒) 1000 ▼

strip ▼ set matrix color at x 0 y 2 to black ▼
strip ▼ set matrix color at x 1 y 1 to black ▼
strip ▼ set matrix color at x 1 y 3 to black ▼
strip ▼ set matrix color at x 0 y 1 to 赤 ▼
strip ▼ set matrix color at x 0 y 3 to 赤 ▼
strip ▼ set matrix color at x 1 y 2 to 赤 ▼
strip ▼ set matrix color at x 2 y 1 to 赤 ▼
strip ▼ set matrix color at x 2 y 2 to 赤 ▼
strip ▼ set matrix color at x 2 y 3 to 赤 ▼
strip ▼ set matrix color at x 3 y 1 to 赤 ▼
strip ▼ set matrix color at x 3 y 2 to 赤 ▼
strip ▼ set matrix color at x 3 y 3 to 赤 ▼
strip ▼ set matrix color at x 4 y 2 to 赤 ▼
strip ▼ を設定した色で点灯する
一時停止(ミリ秒) 1000 ▼
strip ▼ set matrix color at x 0 y 1 to black ▼
strip ▼ set matrix color at x 0 y 3 to black ▼
strip ▼ set matrix color at x 1 y 2 to black ▼
strip ▼ set matrix color at x 2 y 2 to black ▼
strip ▼ set matrix color at x 2 y 3 to black ▼
strip ▼ set matrix color at x 1 y 1 to 赤 ▼
strip ▼ set matrix color at x 1 y 3 to 赤 ▼
strip ▼ set matrix color at x 2 y 2 to 赤 ▼
strip ▼ set matrix color at x 3 y 1 to 赤 ▼
strip ▼ set matrix color at x 3 y 2 to 赤 ▼
strip ▼ set matrix color at x 3 y 3 to 赤 ▼
strip ▼ set matrix color at x 4 y 1 to 赤 ▼
strip ▼ set matrix color at x 4 y 2 to 赤 ▼
strip ▼ set matrix color at x 4 y 3 to 赤 ▼
strip ▼ を設定した色で点灯する
一時停止(ミリ秒) 1000 ▼

した。目では光を追っているのですが、視線から外れるとあまり興味を示しません。昼間でしたが、窓からの光が直接差しこまない隅に映したので、像は意外に見えています。点滅の間隔なども変えてみたのですが、あまり状況は変わりません。

　ボタンでパターンを変化させるプログラムも試してみました。変化を興味深そうに見ていたので、前脚ぐらい出してくれないかと期待しましたが、そこまではいきませんでした。悔しいことに2匹とも似たような反応です。

　ネコたちが一番活動的なのは、夜、エサをあげる前なので、その時間に再チャレンジしました。

　夜。部屋の明かりをつけても壁には像が映っています。魚の点滅、ボタンパターンと試しました。昼間より反応はよいものの、期待したほどではありません。

　苦労して作ったアニメを投影します。見た目はうまく絵が動いて、こちらとしては上出来のつもりでした。ネコたちは1回ぼーっと眺めると2回目には興味がなくなったのか、プロジェクターを向けるこちらに寄ってきてエサをねだるばかりです。

　思い切って電気を消して、3プログラムを試しました。壁に映る各種の像は鮮明です。でも、ネコたちの反応は今までと同じ。視線は向けますが、それまでです。ちょっと拍子抜けでしたが、期待が大きすぎたのかもしれません。もっと若いネコで試してみたいところです。

　我が家のネコたちにはイマイチでしたが、それでも電子工作としてのネコライトはおもしろかったです。どんな光にするか、アイデア次第で自在に作り出せるのはマイコン制御ならでは。ぜひ工作して、あたなのネコちゃんで試してみてください。

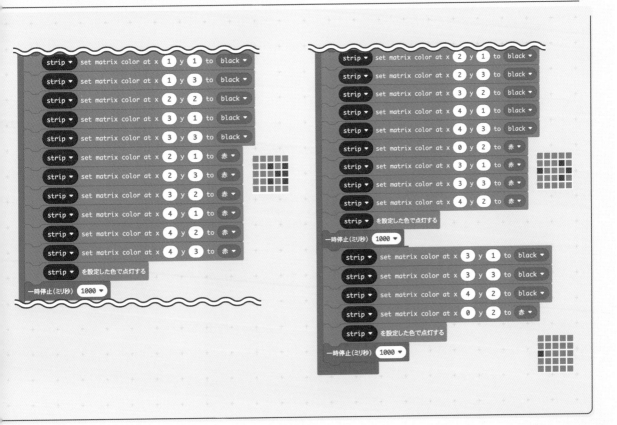

ネコちゃんたちが工作で遊びました
キャットおどろく写真館

電子おもちゃ編3
ネコライトで遊ぶニャン!

光がどうしても気になる。

光を目で追う。

じっと光に見入る。

「あれは何?」

「ちょっと
飽きてきた…」

光を紫に
変えてみた。

「泳ぐ魚」に
興味津々。

目が離せない。

「おさかな
だニャン!」

段ボール箱の中のルアーを動かして、
ネコちゃんの遊び心を誘います。

チラっと見えるルアーが決めて
ルアーボックスで
遊んでほしい！

難易度：🌷🌷🌷🌷🌷

作った人プロフィール

石井モルナさん

マイコンで機器を制御する組み込み系出身のネコ飼いプログラマー。現在はプログラミング教室 TENTO などで講師を勤めています。電子工作でかわいい作品を多数作っています。

段ボール箱を再利用

今回のアイテム

　たいていのネコちゃんは段ボール箱が好きです。家にたまった宅配便の段ボール箱で遊ぶネコちゃんの姿は日常の風景といえるかもしれません。自宅で2匹のネコちゃんと暮らす石井モルナさんは、段ボール箱を利用したおもちゃ「ルアーボックス」を作りました。

モルナ：うちのネコたちは、すきまからチラチラと何かがのぞくシチュエーションに萌えるらしく、冷蔵庫と壁の隙間からおたがいの姿がチラチラ見えると、狂喜乱舞します。そこで、「同じ様な環境を用意したら喜んでくれるかな？」とmicro:bitと段ボール箱で作ってみました。

　全体構想としては、段ボール箱の中にネコちゃんの興味をひくためのルアー*を仕こみます。サーボモーターで動かして、箱の隙間からチラチラ見えるようにします。

POINT ネコちゃんの身近な風景から作るものを発想しよう。

キーとなる電子部品

　まずはmicro:bit。リモコン用と合わせて2枚使います。1枚はWSモジュール（P9参照）に差して使います。あとは「ゆらゆらネコじゃらし」でも使ったサーボモーターFS90（P21参照）。簡単に小型のものを動かす工作にはベストの組み合わせかと思います。
　他には、段ボール箱と紙コップ、フェルトやひも、色画用紙などルアーを作るための各種材料があればOKです。

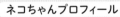

ネコちゃんプロフィール

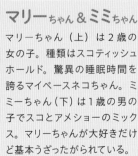

マリーちゃん**＆ミミ**ちゃん
マリーちゃん（上）は2歳の女の子。種類はスコティッシュホールド。驚異の睡眠時間を誇るマイペースネコちゃん。ミミーちゃん（下）は1歳の男の子でスコとアメショーのミックス。マリーちゃんが大好きだけど基本うざったがられている。

＊「ルアー」とは一般には「釣りで使う疑似餌」のことですが、ここでは「誘っておびき寄せるもの」を意味します。

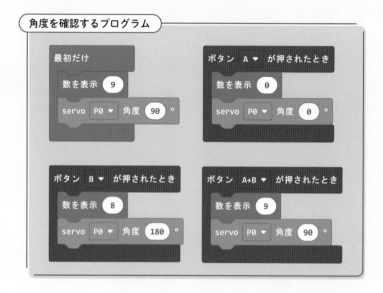

角度を確認するプログラム

最初だけ
数を表示 9
servo P0 ▼ 角度 90 °

ボタン A ▼ が押されたとき
数を表示 0
servo P0 ▼ 角度 0 °

ボタン B ▼ が押されたとき
数を表示 8
servo P0 ▼ 角度 180 °

ボタン A+B ▼ が押されたとき
数を表示 9
servo P0 ▼ 角度 90 °

サーボモーターの角度で動きを変える

サーボモーターの角度を事前に確認

モルナさんは、事前に、プログラムした角度と実際のサーボモーターの動きをチェックしました。どうルアーが動くかを知るためです。

サーボモーターを動かすには24ページのような方法もありますが、このプログラムでは、拡張機能「servo」のブロックを使います。

MakeCodeを立ち上げ、「拡張機能」→「servo」とクリックすると、ツールボックスにサーボモーター関連のブロックが追加されます。使うブロックは「普通のサーボモーター」のカテゴリーになり、モーターの軸を0度から180度まで回転できます。

モルナ：ボタンAで0度、ボタンB

◀ 拡張機能「Servo」。

▲ 追加された「servo」関連のブロック。

で180度、ボタンA＋Bで90度の角度に回転させるようにプログラミングしました。わかりやすいようにLEDに数字も表示させています。2桁以上の数字はスクロール表示してしまうので、わかりやすい数字を1文字だけ表示させています。

シミュレーター上でボタンを押して、サーボホーンの動きを確認したのち、プログラムをmicro:bitに書き込み、サーボモーターをWSモジュールのP0に差します（コードの色も合わせます）。プログラムを書き込んだmicro:bitを差して、スイッチをONにします。

モルナ：まずは向きを気にせずサーボホーン（十字型）を取り付

けます。ボタンA＋Bを押し、90度のときにサーボホーンがどの位置に来るか、確認しました。いったんスイッチをオフにして、90度のときに長い方が下向きに向くよう、サーボホーンを再度取り付けました。これでサーボホーンと連動するルアーの動きがイメージできます。

▲ サーボモーターにサーボホーン（十字型）を取り付ける。

連続して動かすには…「待つ」時間が必要

角度が確認できたところで、次は連続してサーボモーターを動かします。

一見、下のようなプログラムで動きそうですが、実際には動きません。

実は動かないプログラム。

なぜなら、上のプログラムではサーボがブロックで指定された角度にたどり着く前に、次のブロックが実行されてしまうため、軸が行ったり来たりしてどちらの方向にも進めないからです。

つまり、サーボの角度を指定するブロックを実行したら、今の角度から指定された角度まで軸が回るのにかかる時間を一時停止ブロックを使って確保してから、次の命令を実行する必要があります。

連続して動かすためのプログラム

では、どれくらいの時間、「一時停止」すればよいのでしょうか？

モルナ：今回使うサーボモーター（FS90）のデータシートでは、4.8V電源の場合、0.12sec/60degree、つまり「0.12秒で60度進む」とあります。

1度進むには0.002秒、10度進むには0.02秒、かかることになります。今の角度から次の角度までの差を出して、0.002をかけるとおおよその移動時間（秒）がわかることになります。

実際に回してみると、0.002ではなく、0.004をかけるとよさそうでした。ここでは角度に0.004秒かけた時間、「一時停止」することとしました。

移動する角度×4ミリ秒（ミリ秒は1/1000秒）ぶんの一時停止時間を入れてみます。micro:bitの単位がミリ秒なので、0.004秒の場合はブロックに4を設定して上のようなプログラムを作りました。

これで基本的なプログラムは完成です。あとは実際にルアーを工作し、動かしながら調整していきます。

POINT 一見、簡単にできそうなプログラムにも落とし穴がある。うまくいかないときは、ネットを検索したり、慣れた人に聞くなどしよう。

4.電気特性　Electrical Specification (Function of the Performance)

No.	工作電圧　Operating Voltage Range	4.8V	6V
4-1*	静态电流　Idle current (at stopped)	5mA	6mA
4-2*	空载速度　No load speed	0.12sec/60degree	0.10sec/60degree
4-3*	空载电流　Runnig current (at no load)	100 mA	120 mA
4-4	堵转扭矩　Peak stall torque	1.3kg. cm	1.5kg. cm
		18.09oz. in	20.86oz. in
4-5	堵转电流　Stall current	700 mA	800mA

Note: "*"definition is average value when the servo runing with no load

▲ 今回使うサーボモーターのデータシート。

ネコの気をひくルアーとは？

ネコ大好き、モジャモジャ、ヒラヒラ

ネコの気をひくルアーとして、モルナさんは手芸の腕を生かしたモジャモジャ頭のキャラクターを作りました。動く目玉シール（手芸用にネットなどで販売しています）をつけるとそれらしく演出できます。ほかにも画用紙でヒラヒラする羽などを作りました。

モルナ：ルアーの裏側に、サーボホーンを直接貼り付けました。なるべくルアーが大きく動くような位置にしています。サーボモーターの軸に取り付ける際の、ネジ穴にあたる部分には、穴を開けておきました。

ルアーごとにサーボホーンをつけておけばとりかえは簡単です。サーボホーンにはいろいろな形があるのでルアーに合わせるといいと思います。

モルナ：紙コップの底を切り取ってサーボモーターをはめこみました。ルアーのついたサーボホーンをサーボモーターの軸にネジで取り付けたのち、ルアーの飾りなどが軸にあたっていないかをチェックします。今回のような小さなサーボモーターはトルク（モーターが回そうとする力）が弱く、少しでも回りにくい状況だと回らなかったりするので、それを避けるためです。

紙コップを重ねて、ちょうどダンボール箱のふたからルアーが少しはみ出して見えるくらいの高さに固定しました。

工作としてはシンプルなので、比較的簡単に作れるかと思います。どんなルアーにするとネコちゃんの気がひけるか、想像しながら作るのは楽しいですね。

製作の手順

01 フェルトで作ったキャラクター。サーボホーンのネジ穴を開けておく。

02 裏にサーボホーンを糸で縫い付けた。

03 軸にあたっていないか、チェック。

04 WSモジュールに差したmicro:bitと接続。

05 段ボールに箱にセットして完成。

動かし方を変え、音もつけてみた

動きを調整

P47のプログラムでサーボモーターに取り付けたルアーを動かします。ネコちゃんたちはどう反応したでしょうか?

モルナ:当初は喜んで遊んでいましたが、そのうち飽きてしまいました。決まった角度にただ回るだけだと、つまらないのかもしれません。そこで30度進んで20度戻り、ルアーが生き物のようにジリジリ動くよう工夫してみました。今の角度から30を足す、あるいは20を引いて、次に移動する角度を算出しました。

プログラム(P50参照)は次の手順で作ります。

❶ 次の角度への移動時間を計算しやすくするため、「今の角度」と「次の角度」を入れる変数を作る。

❷ 「最初だけ」ブロックで、2つの変数を0にしておき、サーボモーターの角度も0度にする。

❸ モーターを回した距離ぶん一時停止させるところは繰り返し処理になるので、関数にまとめる。まとめ方は以下の通り。

1. 今の角度と次の角度を関数の処理に渡すため、数値の引数＊を2つ設定する(「角度1」と「角度2」)。
2. 角度1の引数を「角度」に入れる
3. サーボモーターを回すため、角度1と角度2の差に4をかけた時間(ミリ秒)、一時停止させる。

❹ 「30度進めて20度もどす」動きを18回繰り返す。10度ずつ進むので0度から180度まで進む。

❺ 180度まできたら逆方向に「30度進めて20度もどす」を18回繰り返す。10度ずつもどるので180度から0度までもどる。もどるときは、変化する数(30と-20)の符号を逆にして(-30と20)もどす。

❶ 変数「今の角度」「次の角度」を作る

❷ 「最初だけ」ブロックで角度を0にする

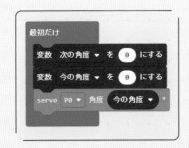

❸ 関数にまとめる

▲ 引数を設定する

＊引数…プログラムや関数に渡す値のこと。

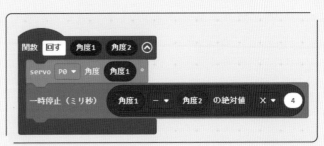

▲ サーボモーターを回し、回した距離ぶん、一時停止させる関数

最初は角度を
0度にする。

回した角度のぶん、一時停止させる関数

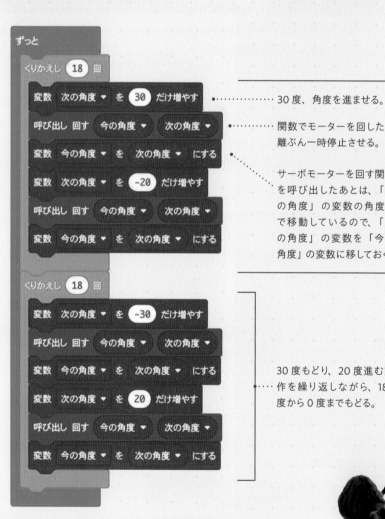

30度、角度を進ませる。

関数でモーターを回した距離ぶん一時停止させる。

サーボモーターを回す関数を呼び出したあとは、「次の角度」の変数の角度まで移動しているので、「次の角度」の変数を「今の角度」の変数に移しておく。

30度進み、20度もどる動作を繰り返しながら、0度から180度まで進む。

30度もどり、20度進む動作を繰り返しながら、180度から0度までもどる。

音もつけてみた

動きに変化をつけたついでに、モルナさんは音をつけてネコたちの反応を探りました。

モルナ：音楽のカテゴリに、「play sound」という効果音を出してくれるブロックがあったので使ってみました。

イラストの横の＋マークをクリックすると、ブロックが大きくなり、音の周波数や長さを設定できます。鳴らすとピューンと可愛らしい音が鳴ります。

サーボモーターのプログラムとは別にもう一つ「ずっと」ブロックを用意し、その中に同じ設定の「play sound」ブロックを2つ並べます。変化を出すため、乱数のブロックを使って、繰り返しの回数と鳴らす時間の間隔を決めました。

結果的に音は結構効果がありました。音が鳴っていると「なになに？」とすぐ寄ってきました。

音を出すときは、若干注意が必要です。

同じプログラムの中にモーターと音の処理が重なると、モーターの回転がガタつくことがあります。理由は、モーターの出力端子とスピーカーの出力端子が同じ端子0のため、競合するからです。本来は2枚用意して別々に作った方が無難ですが、多少のガタつきを気にしなければ、これでもなんとか使えます。

音楽を鳴らすプログラム

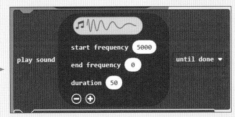

▲ 「play sound」ブロックは⊕マークをクリックすると細かい設定が可能になる。

音楽を鳴らすプログラム

「音が鳴ると
楽しいニャン」

リモコンで操作

　動くルアーは、ネコちゃんの気をひけますが、決まった変化とやはりいつかは飽きられてしまいます。

　プログラミングで新しい変化をつけたいところですが、工作したルアーボックスからmicro:bitをいちいち外してプログラムを変えるのは面倒です。そこでモルナさんはリモコンで操作することにしました。

モルナ：リモコン専用にmicro:bit

を別に用意して、角度を指定して回しました。この方法だと、リモコン側のmicro:bitのプログラムを書き換えるだけで角度調整ができますし、ネコたちの反応を見ながらサーボモーターを制御できます。

　角度の指定の仕方でサーボモーターの動きが変わります。０度→180度で大きく動かすか、少しずつ動かすかで、プログラムも異なります。

1.０度→180度で大きく動かす

　送信側では無線グループを最初に設定したあと、「もし　なら　で

なければもし　なら」ブロックを使って、ボタンＡが押されたら数値０を、ボタンＢが押されたら数値180が送られるよう設定します。

　受信側では、無線グループを設定したあと、今の角度を０とするよう「最初だけ」ブロックでセットします。数値を受信したら、それをそのまま角度として、サーボモーターを回すブロックに入れます。連続して信号を受信することを考慮して、あとは移動時間ぶん、つまり、今の角度（回す前の角度）と回そうとしている角度の差に4ミリ秒をかけた時間、「一時停止」

1.０度→180度で大きく動かすプログラム

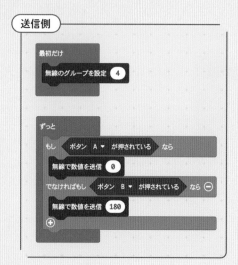

します。

LEDを表示しているのは、確実に受信できたかどうかを確認するためです。サーボモーターが動かなかったとき、受信ができなかったのか、それともサーボモーターに問題があるのかがわかります。

2. プラス・マイナス5度ずつ細かく動かす

送信側では、無線グループを最初に設定したあと、ボタンAを押すと、サーボモーター側で今の角度からプラス5度ずつ角度が変わり、ボタンBを押すと今の角度か

らマイナス5度ずつ変わるよう設定します。

受信側では、「0度→180度で大きく動かす」の手順と同じく、無線グループを設定したあと、今の角度を0とするよう「最初だけ」ブロックでセットします。

送信側から数値を受け取ったら、「今の角度」に5度を足すか、5度を引くかして、新しい「今の角度」へと動きます。ただし、変数が0以下か180以上になったら、それ以上変えないようにしています。0度以下、180度以上ではサーボモーターは動かないからです。

段ボール箱といった身近な材料に、プログラミングのテクニックを駆使してネコちゃんたちを楽しませたモルナさん。幸せそうなネコちゃんたちの姿に大満足とのことです。みなさんもぜひチャレンジしてみてください。

2.プラス・マイナス5度でじりじり動かすプログラム

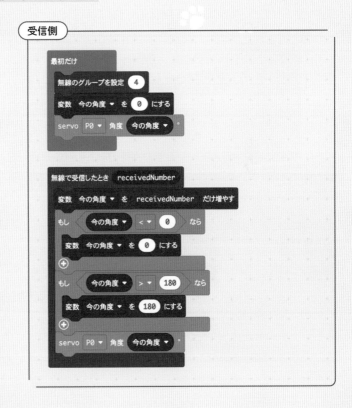

ネコちゃんたちが工作で遊びました

キャットおどろく写真館

電子おもちゃ編4
ルアーボックスで遊ぶニャン！

「お前、なんだ？」

思わずダイブ。

「箱の中が気になるニャー。」

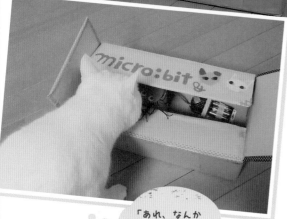

「あれ、なんか動いてるニャン！」

「もうたまらんニャン。」

「この箱
どうしようか?」

「思わず
手が出るニャン。」

頭を突っ込んで
中をのぞく。

「中にいるのは
ニャンだ?」

「引っ張って
みるニャン」

まな板の上でピチピチはねるお魚に
思わずネコちゃんの手が反応してしまいます。

はねるお魚にがまんできない
ピチピチフィッシュで遊んでほしい！

難易度： 🐾🐾🐾🐾🐾🐾

磁石の力で魚がはねる

今回のアイテム

　お刺身にしろ、焼き魚にしろ、魚が嫌いなネコちゃんはいません。まな板の上でピチピチはねるお魚に反応しないネコちゃんはいないのではないか？　そんな発想をもとに電子ニャン工作で再現してみました。

　ポイントは100円ショップで見かける磁石シート。冷蔵庫などにメモなどをはりつけるときに使うアレですが、これに micro:bit とサーボモーターを組み合わせると、意外におもしろい工作ができます。ピチピチとはねる魚を作って、ネコちゃんたちを楽しませたいというのが今回の趣旨です。

　構想としては、「まな板」となるボードに魚のコピーを貼ります。コピーには、頭としっぽに磁石シートを小さく切った小片を貼ります。大きな磁石シートの上で、サーボモーターを使って、まな板を水平に動かします。すると磁石シート同士の吸引と反発で頭としっぽが上下してピチピチはねるように見えます。

キーとなる電子部品

　今回も micro:bit と W S モジュール（P9参照）＋サーボモーター（FS90）の組み合わせになります。動きのある電子工作にするには、やはりこの組み合わせがビギナーには扱いやすいと思います。特にサーボモーターを自由に使いこなせれば、工作の幅はぐっと広がります。

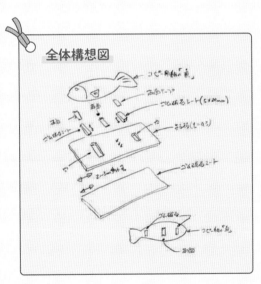

全体構想図

魚ののったまな板を作る

工作を始める前に 磁石シートの特性を確認

工作を始める前に磁石シートの特性について理解しておきましょう。

磁石にはN極とS極があり、同じ極は反発し、異なる極は吸引します。小学校の理科で習うやつですね。

下の図を見てください。実は磁石シートの磁石の極性には方向があります。同じシートの内部なら方向は一緒です。**2枚のシートを合わせ、左右に引っぱると、同じ方向の極性をもつシートであればNSが交互に入れ替わり、吸引と反**

発が起きますが、お互いに異なる方向に極性をもつシートだと起きません。

2枚の磁石シートの極性の方向を簡単に知る方法があります。2枚を重ねて左右に動かし、次に1枚だけ90度に傾けてもう一度左右に動かしてみます。どちらかで抵抗を感じたはずです。抵抗を感じれば、極性が同じ方向を向いていることになります。

この工作の場合、下に敷く磁石シート（大）と魚に貼る磁石シート（小）の極性の方向がそろっていないと、左右に動かしたとき、吸引・反発が起きません。工作の前に、まず磁石シートの極性の方向を確

認しましょう。確認後、磁石シートに天地のマークを入れておくと便利です。

POINT 特殊な材料を使う場合は、工作の前にその特性を理解しておこう

磁石シートには極性の方向がわかるようにマークを入れておく。

極性の方向と吸引・反発

極性の方向を合わせる

一方を左右にスライドすると連続した吸引と反発で抵抗を感じる。

● 極性の方向が同じ向きの2枚の磁石シート

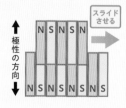
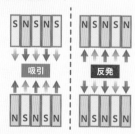

磁性の方向を90度変える

一方を左右にスライドしても抵抗は感じない。

● 極性の方向が異なる向きの2枚の磁石シート

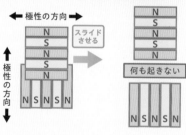

全体の寸法

全体として筐体はＡ４サイズのものを考えています（これが土台になります）。ここに下敷きとなる磁石シート（大／190mm×250mm）を貼ります。まな板の寸法は95mm×190mmとしました。これを切り出した磁石シートで作った留め具4箇所で留めます。

下の寸法図を見てください。

まな板の中央3箇所にスペース（Ａ、Ｂ、Ｃ）を開けます。表側から魚のコピーを貼り、裏側から両端の2箇所（Ａ、Ｃ）の中央に磁石シート（小／20mm×5mm）を、真ん中（Ｂ）に切り抜いた紙（スペース小／30mm×10mmにカット）を貼ります。

＊寸法はあくまで目安です。適宜調整してください。

「魚がのったまな板」を作る

ネットや図鑑などで全長が200mm程度になるように魚をカラーコピーしてください。コピー後は魚の形に切り抜きます。

次にまな板のコピーを厚紙に貼り、下の寸法（裏）に切り抜きます。頭（Ｃ）としっぽの位置（Ａ）を確認し、魚のコピーの胴体部分に両面テープで表から貼ります。

磁石シートの極性の方向性を合わせて、下の寸法で小片を切り出します。まな板の裏から、スペースＣ（頭）とＡ（しっぽ）に切り出した磁石シート（小）を、スペース

全体の寸法図

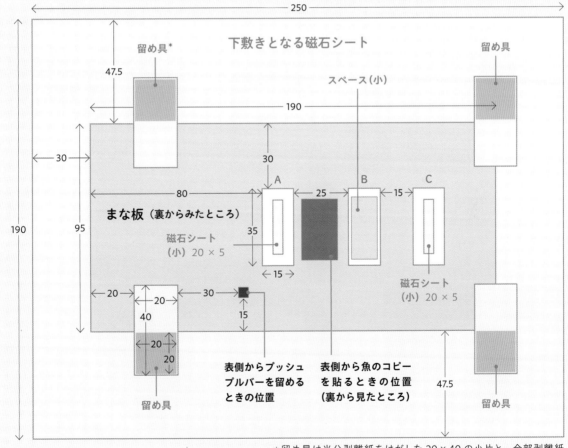

250

下敷きとなる磁石シート

留め具＊

留め具

47.5

スペース（小）

190

30

30

A　　　　　B　　　　　C

25

15

80

まな板（裏からみたところ）

磁石シート
（小）20×5

35

磁石シート
（小）20×5

15

190

95

20

20

30

15

40

20

20

表側からプッシュ
プルバーを留める
ときの位置

表側から魚のコピー
を貼るときの位置
（裏から見たところ）

47.5

留め具

留め具

□ …磁石シート　　　■ …紙

＊留め具は半分剥離紙をはがした 20×40 の小片と、全部剥離紙をはがした 20×20 の小片を重ね合わせて作る。

Bに切り抜いた紙（スペース小）を両面テープで貼ります。これで「魚がのったまな板」は完成です。

次に磁石シートを土台に貼ります。

土台に下敷きとなる磁石シートを貼ります。筐体を兼ねるため、土台には100円ショップの書類ケースを使いました。磁石シートは磁力が強いものがベターなので、ここでは300mm×100mmの寸法で片面に粘着テープがあるものを縦に2枚使いました（チェックすると、極性の天地は長辺方向にありました）。

下敷きの磁石シートの上に「魚がのったまな板」を置きます。頭やしっぽを軽く持ち上げて離したときに、魚の磁石シート（小）と下敷きの磁石シートがピタッとくっつく感触があれば、方向性が合っている証拠です（違っていれば、向きに注意して再度小片を切り出して貼ります）。

まな板とサーボモーターをプッシュプルロッドでつなぐ

まな板を下敷きの上で左右にスライドさせて、魚の頭としっぽが

はねあがるのを確認します。だいたいの位置が決まったら、磁石シートを切り出して作った留め具（半分剥離紙を剥がした20mm×40mmの小片と、20mm×20mmの小片を重ねたもの）で、まな板を設置します。横にスライドしたときに軽く動くよう位置を調整します。

100円ショップの紙製ストローでプッシュプルロッド（押したり引いたりするための棒）を作ります。長さ約120mmで切り、端をつぶして平坦にします。その後、まな板側の先端に厚紙などの小片を

まな板

魚のコピーをまな板（表）に貼る。

裏から魚のコピーに磁石シート（小）などを貼る。

土台

筐体となる事務ケースの表面に磁石シートを貼り、土台とした。

極性の方向性を確かめる

軽く魚のコピーを持ち上げて手を離す。ピタッと下敷きにつけばOK。

まな板と土台　完成

両面テープなどで貼って重ね、先端が3～5mm高くなるようにしてから、まな板に貼ります。

　まな板のどの位置にプッシュプルロッドの先端をつけるかは重要です。おおよその位置をP59の図に示しましたが、軽く手でプッシュプルロッドを押したり引いたりしてなるべく軽く動く位置を見つけます。

　サーボモーターの軸の角度を90に調整したら（調整方法は下の04の通り）、涙目型サーボホーンを小ネジで取り付けます。次にまな板につけたプッシュプルロッド

の反対側の先端を平らにつぶし（まな板につけた先端とは90度ひねった方向）、ネジでサーボホーンの上から5番目の穴に取り付けます。このとき、あまりネジを締め付けず、多少遊びがあるくらいにしておくのがうまく動かすコツです。

角度90調整用プログラム

```
ボタン A ▼ が押されたとき
サーボ 出力する 端子 P0 ▼ 角度 90
一時停止（ミリ秒）5000 ▼
```

　プッシュプルロッドでまな板とつながれたサーボモーターを、位置に注意して両面テープで土台に仮どめします。

　プッシュプルロッドの長さやまな板につけるときの位置、サーボホーンを土台に取り付ける位置は、相互に連関しており、最後は微調整が必要です。

POINT 最後の微調整は動きを見ながら行おう

サーボモーターの設置

プッシュプルロッドを作る

01 紙製ストローを長さ約120mmに切り、端をつぶす。

先端を高くする

02 紙片や両面テープで3～5mm高くしてまな板に貼る。

動きを確かめる

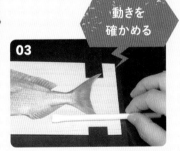

03 プッシュプルロッドをもって左右にスライドする。魚がはねればOK。

サーボホーンを軸に取り付け

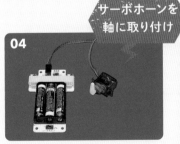

04 角度90調整用プログラムをmicro:bitに書き込み、軸を動かしてからサーボホーンをつける。

サーボモーターに接続

05 プッシュプルロッドをサーボホーンに取り付け、サーボモーターを土台に仮どめする。

⚙ プログラミング編

サーボの角度でまな板の動きが変わる

micro:bit を 2 台用意して 1 台を
リモコン用（送信）、1 台を受信用
とします。

リモコン側ではAボタンを押す
と発信します。受信側では信号を
受け取ると、まずサーボホーンを
90度に設定し、その後140度倒し、
次に50度の位置に戻します。

これを繰り返すと、まな板が前
後に動き、魚の頭としっぽがはね

あがって、ピチピチしているよう
に見えます。

角度や一時停止のパラグラフ
（数値）を変えると、動き方が変わ
ります。また繰り返しの回数を増
やせば動いている時間を変えられ
ます。どんな動きをさせたいか、
どれぐらいの時間動かしたらいい
か、いろいろ試してください。

送信用

```
最初だけ
  無線のグループを設定  5

ボタン  A ▼  が押されたとき
  無線で文字列を送信  " A "
```

受信用

```
最初だけ
  無線のグループを設定  5

無線で受信したとき  receivedString
  もし  ( receivedString  = ▼  " A " )  なら
    サーボ 出力する 端子  P0 ▼  角度  90
    くりかえし  4  回
      サーボ 出力する 端子  P0 ▼  角度  140
      一時停止(ミリ秒)  300 ▼
      サーボ 出力する 端子  P0 ▼  角度  50
      一時停止(ミリ秒)  300 ▼

    くりかえし  4  回
      サーボ 出力する 端子  P0 ▼  角度  140
      一時停止(ミリ秒)  600 ▼
      サーボ 出力する 端子  P0 ▼  角度  50
      一時停止(ミリ秒)  600 ▼

    サーボ 出力する 端子  P0 ▼  角度  90
  ⊕
```

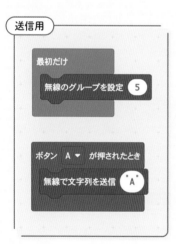

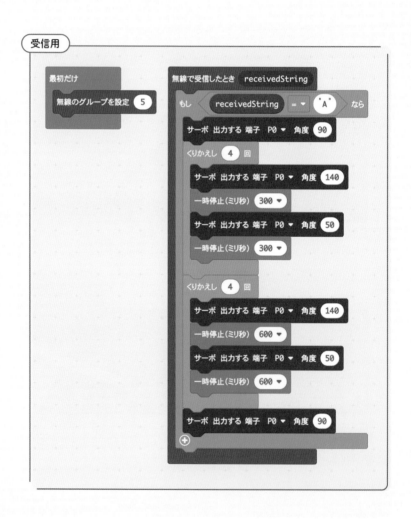

仕上げに部品を固定して安全対策

　スムーズに動くようなら、プッシュプルロッド、サーボモーター、プログラムを書き込んだmicro:bitを差したWSモジュールを、土台に固定していきます。

　まず、サーボモーターを固定します。仮どめを一旦外し、付属のアダプターをつけてから位置合わせをします。ドリルでケースに穴を開け、ネジとボルトでとめます。

　まな板とプッシュプルロッドの接続部分は、グルーガンを使ってグルーで固めます。サーボホーンから出ているネジの先端もグルーで固めます。ネジの先端は鋭いので万が一の事故防止のためです。

　最後に、WSモジュールをケースの中の適当な位置に、粘着力のある両面テープで貼り付けます。コードをはさんだままでもケースは閉じられますが、気になるようなら穴を開けて通すようにします。

　全て完成しました。ネコちゃんたちはどんな反応を示してくれるでしょうか？

部品を固定する

サーボモーターにアダプターをつけ、ドリルでネジ穴を開ける。

サーボモーターをネジとボルトで土台に固定する。

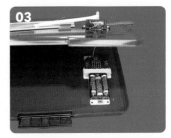
ケースの中のmicro:bitを差したWSモジュールを両面テープで固定する。

プッシュプルロッドとまな板の接続部分をグルーで固定する。

安全のため、サーボホーンから出たネジの先をグルーでカバーする。

完成！

ネコちゃんたちが工作で遊びました

キャットおどろく写真館

電子おもちゃ編5

ピチピチフィッシュで遊ぶニャン！

「これ、どうしたらいいニャン？」ピチピチ動く魚にとまどう。

かいでみるものの「においしないニャン」。

「へんなの」あらためて魚を見つめる。

手を出してみる。「なんか怖いニャン」。

「ニャにこれ？」恐る恐る近づく。

「ニャンだ、ニャンだ」。動く魚に寄ってきた。

さわってみるものの、動きは止まらず。

「これさわっちゃっていいのかニャ?」

「あ、また動き出したニャン」

はねる魚に引き寄せられる。

065

さわると音が鳴る
ネコ手ルミンで
遊んでほしい！

難易度：🐱🐱🐱🐱🐱

微妙なタッチで音が変わる、
ネコのための（？）電子楽器を作ります。

ネコの手を借りて…

今回のアイテム

　「テルミン」という電子楽器があります。空中で手をひらひらさせると音が鳴る楽器です。一時、テルミンのアンテナに手を出し、演奏するネコちゃんの映像が評判になりました。ネコちゃんの手で音が鳴ったら楽しそうです。そんな「ネコ手ルミン」を作りたくて、電子ニャン工作してみました。

キーとなる電子部品

　まずはmicro:bitとＷＳモジュール（P9参照）。このセットがあれば、電子部品との接続や電源の問題が一挙に解決できます。筐体にも組みこみやすいと思います。

　ポイントとなる電子部品が圧力センサーです。圧力センサーは、加えられた圧力を感圧素子で電気抵抗に変えてセンシングする電子部品です。

　ここで紹介する圧力センサーは約40mm×約40mmの面積で圧力が測れます。感圧素子としてイヤホンなどに使われる圧電（ピエゾ）素子＊が使われており、小さい圧力変化が測定できます。圧力センサーを使うには、アナログの抵抗値をデジタルに変えるなどの専用のモジュールが必要ですが、下記製品ではコネクターコードとともにセットになっています。

□ 圧力センサーのセット

入手先：スイッチエジュケーション〈https://switch-education.com/products/microbit-pressure-sensor/〉

＊圧電（ピエゾ）素子：石英など、鉱物の一部には、圧力を加えると電圧が発生するものがある。この現象を利用して作った電子部品。

プログラミング編

圧力の違いを音に変える

音量をチェック

まずは、とりあえずセンサーに圧力がかかると単純にmicro:bitのスピーカーから音が鳴るプログラムを作りました。圧力がかかったとき、どの程度の大きさの音が鳴るか、を調べるためです。

「最初だけ」ブロックで、通電した時のアナログ値を初期値とし、初期値の段階でかかっている圧力を仮に数値0としています。最初から音が鳴らないようにすべての音は停止しておきます。端子をP0からP1にしたのは、micro:bitのスピーカーがP0を使うからです。

初期値を上回る圧力がかかった場合にはmicro:bitのスピーカーから1回だけメロディーが流れるようにしました。

圧力センサーに専用モジュールをつなぎ、WSモジュールのP1端子に接続。プログラムを書き込んだmicro:bitを差します。

micro:bitの音量を適当に変えて、どの程度の聞こえ方になるか、試してみました。やってみると、再大音量の255でも問題はなさそう

▼動物と人間が聞こえる周波数の比較

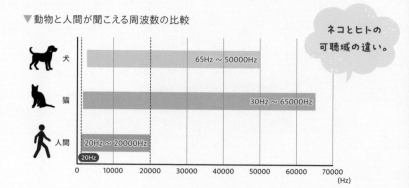

> ネコとヒトの可聴域の違い。

┌─ 圧力がかかるとメロディが流れるプログラム ─┐

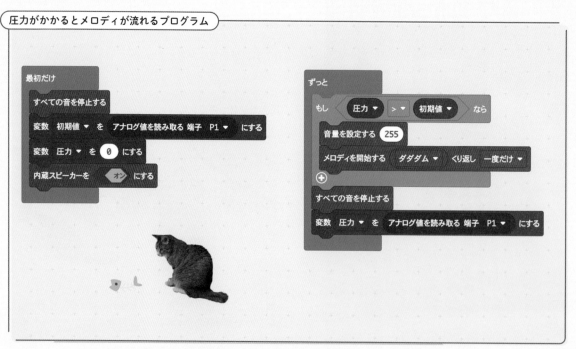

068

でした。

…とはいえネコの可聴領域は人間のそれとは違います。人は20〜20000Hzですが、ネコは20〜60000Hz以上といわれています。ネズミなどが発する小さなカサカサ音まで聴き取れるので、狩りのときに役立ちます。

あまり大きな音はいかがなものかと思っていましたが、幸い（？）micro:bitスピーカーではたとえ再大音量でもびっくりするほどの音にはなりません。ちょっと大きめの生活音といった感じなので大丈夫と判断しました。

POINT ネコの身になって考えよう

圧力と音を連動させる

音量問題がクリアできたので、次に圧力と、音量・鳴らす音の高さが連動するプログラムに取り組みました。

micro:bitの「アナログ値を読み取る　端子　P1」ブロックで読み取れる値は0〜1023の範囲なので、音量の最大値255で割ると約4という値が出ます。そこで音量はアナログ値を4で割った値としました。

音の高さは周波数なので、単純にアナログ値と比較できません。いろいろ数値を試してみて3倍す

るとちょうどいいように思えました。

いずれにせよこのあたりのパラメータは装置を試しながら調整するしかありません。

見た目の演出としてLEDも光らせることにしました。こちらもアナログ値に連動して、棒グラフが変化するようにしました。

とりあえず基本プログラミングはこれで完成とし、次は装置を工作することにしました。

圧力のかかり方で音や光が変わるプログラム

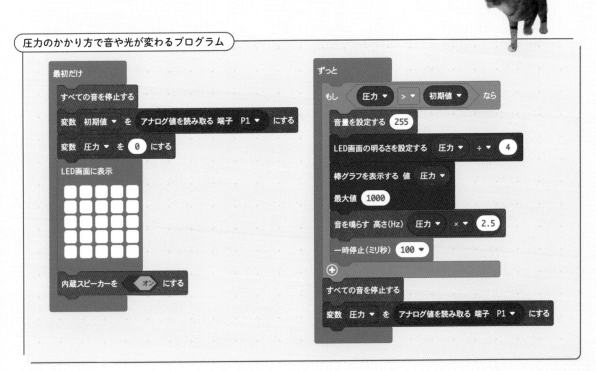

インテリア風の筐体で見た目もかわいく

筐体はコルクボード

電子部品を組みこむ筐体は、部屋に置いてもあまり違和感を感じないようにしたいと思いました。そこで土台にコルクボードを使うことにしました。適度な硬さがあり、加工もしやすい素材です。

問題は圧力センサー部分です。むき出しではネコちゃんがピンポイントで踏んでくれるのはむずか しそうなので、何かでおおわなければなりません。いろいろ試した挙句、人工芝をかぶせることにしました。結果的に人工芝にふれると微妙な圧力の違いを生み、音の変化を作るのに有効ということがわかりました。

ただ、人工芝はテープやボンドで固定するとはがれてしまいます。どうしたものかと思いましたが、糸で縫いつけることを思いつきま した。これができるのも土台がコルクボードだからです。

ハーフミラーで光を演出

micro:bitを差したWSモジュールは筐体に組みこむと光がストレートに見えてイマイチです。透明なプラスチックなどでおおってみましたが、ストレートすぎて物足りない感じでした。ひらめいたのが、ハーフミラーです。ふだん

製作の手順

01

主な材料。コルクボード、人工芝、ルアーなど。

02

コルクボードの中央にWSモジュール設置のスペースを開ける。

03

圧力センサーを接続したWSモジュールを設置。

04

圧力センサーに人工芝をかぶせる。

05

2枚の透明ボードのうち、1枚にハーフミラーシートを貼る。

06

2枚のボードで、コルクボードをはさめば完成。

は反射で見えないのに、内部から光をあてると中身が見えていい感じです。

コルクボードを切って装置を入れるスペースを作ります。**固定には100円ショップのフォトフレームの透明ボードを使うことにしました。2枚用意し、1枚にハーフミラーシートを貼り、1枚には穴を開けてネジとナットでWSモジュールを固定します。全体としては、透明ボード2枚でWSモジュールとコルクボードをはさむ形になります。**

WSモジュールと圧力センサーを接続するコードは、どうしても外に出してしまうのでコルクでおおいました。ここにネコおびき寄せ用のルアー*を差して使うことも想定しています。

ネコたちに見せると…

ネコたちの前に置きました。興味につられて近づいてきます。ルアーにじゃれているうちに音が出ました。なんらかの圧力が人工芝に加わったのかもしれません。

いろいろやっているうちにプログラムの数字を変えたり、人工芝を浮かせたりすると、微妙なセンシングができることに気がつきました。芝生の横を通るだけでも音が出るような調整もできました。

ネコたちが鳴らした音が音楽になったかどうかは微妙ですが、楽しんでくれていると信じたいところです。

MakeCodeの音楽のブロックにはいろいろな音が出せるものがあります。さらに試してみるとおもしろいと思います。

* 「ルアー」とは一般には「釣りで使う疑似餌」のことですが、ここでは「誘っておびき寄せるもの」を意味します。

ルアーを
圧力センサー上に
設置

圧力のかかり方で
棒グラフが光る。

ルアーを兼ねて
テルミン風のアンテナを
つけてみた。

ネコちゃんたちが工作で遊びました

キャットおどろく写真館

電子おもちゃ編6

手ルミンで遊ぶニャン!

「あれ? ニャンか音がする!」

「ニャンですか、これ?」

「ぼくにもやらせてニャン」

さわったら音が変わったニャン

ルアーにつられて寄ってきた。

リモコンを操って逃げるモーラーを
ネコちゃんに追わせましょう。

本能全開で追いかける
ネコモーラーで
遊んでほしい！

難易度：🌷🌷🌷🌷🌷🌷

逃げれば追うは ネコの本能

今回のアイテム

トムとジェリーの昔から、ネズミや逃げるものを追うのはネコちゃんの本能です。これを満たしてあげることが、楽しい遊びの基本です。

「モーラー」というおもちゃをご存知でしょうか？　ふかふかのファーでできたアニメキャラのようなイモムシのことですが、まるで生き物のように動かせます。さらには、モーラーをランダムに動くボールにつけた「じゃれモーラー」という電動おもちゃがあります。ボールにひかれたモーラーが動いて見えるだけなのですが、まるでモーラーがボールにじゃれついているように見えます。いかにもネコが喜びそうな絶妙な動きに見えます。

ルアー効果抜群のこのおもちゃをヒントに「ネコモーラー」を電子ニャン工作してみます。

ポイントとなる電子パーツ

モーラーを引っ張るボールがわりに「micro:bitカー*」を使うことにしました。micro:bitで動かす車で、2個のタイヤやモーター、電源など必要なパーツがすべてモジュール化された車です。組み立て済みなのですぐに使えます。

小学校の先生の要望で商品化されたもので、簡単に動かせて応用範囲が広く、壊れにくくて安全性も高いので、電子ニャン工作にぴったりです。

今回はもう1台、micro:bitを用意。無線通信機能を活用してリモコンとして使います。

＊スイッチエジュケーションで、「micro:bitを走らせようキット」の商品名で販売されています。
〈https://switch-education.com/products/microbit-car/〉

micro:bit カーを走らせる

むき出しの基板が気になる…

工作としては、micro:bitカーにモーラーをつけて走らせればいいだけです。ちなみに基板はむき出しですが、ネコがさわるなどしても感電することなどはありません。それでも気になる方もいるでしょうから、カバーをつけることにしました。

最初はタイヤだけを出し、ラップを被せて上から紙粘土で全体を

おおいました。紙粘土は大変軽くて粘着性もあるので、使い勝手はよかったです。動かしてみると、動きには支障はないし、取れてもすぐ直せるのですが、あまりに見栄えが悪い。

見栄えもよくして

そこで軽くて入手しやすいということで100円ショップのプラスチックカップをかぶせることにしました。多少見栄えはよくなったかと。

ずれないように上に穴を開けて、micro:bitの上部を出します。サイドにも穴を開けて、モーラーなどをつなぐひもを出しておきます。基板上部が出るのでさらに透明容器をかぶせて保護し、完成です。

モーラーはネコじゃらし用のものをネット等で購入してもいいし、手芸用のフェイクファーで手作りしてもいいかと思います。

すべて組み立て済みなので工作いらず。

▶micro:bit カー。

紙粘土でおおってみたものの、見た目がイマイチ。

完成形!

◀micro:bit カーにカップをかぶせ、さらに透明容器をかぶせた。

基本的な車のコントロール

基本的な車のコントロール

このmicro:bitカーは左右独立した2つのタイヤの回転方向と回転速度で動きが決まります。回転方向が同じなら前進または後進、右より左の回転速度が速ければ右へ、左より右の回転速度が速ければ左へ曲がるのが基本です。

回転方向はデジタル値（0か1）で、回転速度はアナログ値（0～1023）で制御します。micro:bitカーでは端子P13~16を使います。各端子と左右のモーターの関係は次のようになっています。

P13：左モーターの回転方向を制御します。デジタル値「0」のとき前方へ、「1」のとき後方へ回転します。
P14：左モーターの回転スピードを制御します。アナログ値「0～1023」で指定します。数値が大きいほど速く回転します。
P15：右モーターの回転を制御します。デジタル値「0」のとき前方へ、「1」のとき後方へ回転します。
P16：右モーターの回転スピードを制御します。アナログ値「0～1023」で指定します。数値が大きいほど速く回転します。

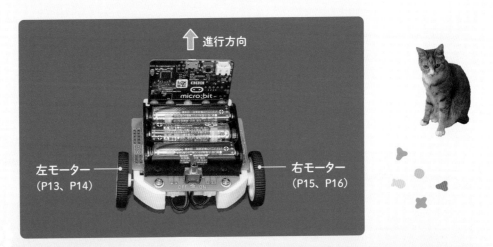

↑進行方向

左モーター（P13、P14）　　右モーター（P15、P16）

左折

右モーター（回転または左より速い）

左モーター（停止または左より遅い）

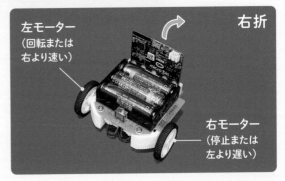

右折

左モーター（回転または右より速い）

右モーター（停止または左より遅い）

リモコンで車を動かす

ランダムに動かす

ランダムに数値を入れれば、思わぬ動きができるのではないかと思い、乱数を使って下のようなプログラムを作りました。

車のオン・オフはリモコンの方が扱いやすいので、micro:bitをもう1台用意して送信用としました。

受信用のプログラムでは、出力信号を1.5秒ごとにランダムに変えるようにしたので結構おもしろい動きが生まれました。

ラジコンカーに変身

micro:bitにはA、Bボタンやタッチセンサー（端子）が付いているので、これらを動きに割り当ててmicro:bitカーをコントロールするプログラムも作ってみました。

Aボタンで左、Bボタンで右、A＋Bボタンで前進、端子P0をタッチすると後退します。ボタンを押さないときは停止しています。ネコの様子を見ながらアクションに差をつけられるので、一緒に遊べる感覚です。

さらに細かく動かすのに加速度を使うプログラムも試してみました。行かせたい方向に送信側のmicro:bitを傾けると、その方向に進みます。最初は傾きと方向の連動に戸惑いましたが、慣れるとボタン式より動かしやすいかもしれません。このあたりは好みの問題という気がします。

プログラムを決め、ネコたちと遊んでみました。最初はおっかなびっくりであまり興味がなさそうな感じでしたが、いろいろ動かして誘ってみると、積極的に遊びだしました。

簡単な工作とプログラミングで遊べるので、ぜひ一度、ネコちゃんに試してみてください。

車をランダムに動かすプログラム

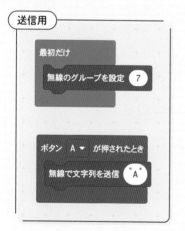

車をラジコンカーにするプログラム

送信用（ボタン式）

送信用（傾け式）

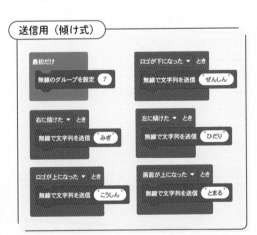

受信用（ボタン式、傾け式共通）

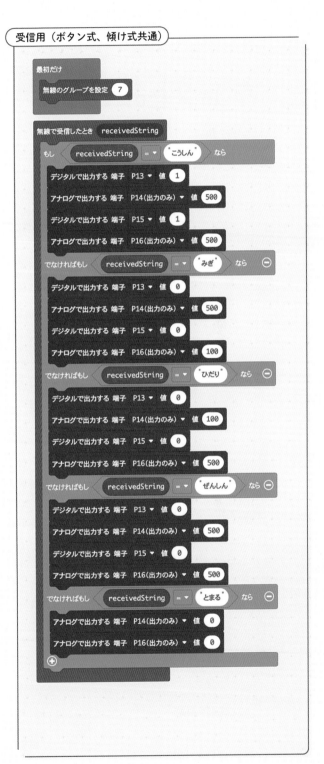

ネコちゃんたちが工作で遊びました

キャットおどろく写真館

ネコモーラーで遊ぶニャン！

「気になるニャー」

「お、動いたニャン」

「この黄色いのニャニ？」

「ニャンだ、ニャンだ」

「においはしないニャ」

「逃がさない
ニャン」

「つかまえた
ニャン」

「向かってくると
ちょっと
怖いニャン」

「また、
動き出した
ニャン」

「待て〜、
行くニャー!」

Column ネコおもちゃと狩猟本能

● 捕食性行動のトリガー

　ネコがおもちゃで遊ぶのは極めて自然な行動で本能に基づいています。ネコは基本的にソリタリー（単独生活）の動物で、ひとりで行動し、自分より小さな獲物を襲って狩りをします。この狩猟本能（捕食性行動）をうまく満たすのがネコじゃらしに代表されるネコおもちゃです。室内飼いのネコが圧倒的に多くなった昨今、おもちゃを使って遊んでやることも大事です。

　単独行動が基本のネコたちですが、社会性がないわけではありません。地域猫は、つながりはゆるいものの集団で生活しますし、母猫は娘猫とグループを作り、母系社会を作ることも知られています。

　一説には、ネコの社会が母と子供（あるいは娘）との関係を基本にしているので、人間とネコの関係もこれにそっているといわれます。

　例えばネコは、ネズミの死骸やゴミなどをわざわざどこからかもってきてこちらに見せるという行動が見られます。この行動の意味は完全には解明されていませんが、母子関係から2つの解釈ができます。ひとつは母親としての人間に「ぼく、ちゃんと狩りをしてきたよ、エライでしょ？」と成果を見せにきたというもの。ひとつは子供としての人間に狩りの手本を見せているというもの。いずれにせよ、母子関係から派生しているといわれます。

　ネコが狩りをするとき、「忍び寄る」「飛びかかる」「爪を立て、前脚で押さえつける」「かむ」といったいくつかのパターンがあります。これら捕食性行動は「動くもの」がトリガー（行動を促すきっかけ）になるので、「動く」ことがネコおもちゃの基本になります。

　大きさも重要です。自分より大きなものが動いても、警戒の対象になるか、無視するかで、狩りには至りません。動く対象が自分より小さいことも

ポイントです。

　「押さえつける」「かむ」は狩猟本能に基づく自然な行動ですから、ネコおもちゃをつくるときはそれを前提に、安全安心に配慮した素材、問題ない構造（簡単に直せるなど）といったことに留意する必要があります。

　これらのポイントを押さえた上で、対象物にトリガーとして魅力的な動きをさせるため、マイコンボードでプログラミングするところが電子ニャン工作の特徴です。サーボモーターだけでなく、LED、スピーカーといった電子部品を組み合わせたり、リモコンや人感センサーなどを使って、本能を刺激する工夫も楽しいと思います。

● ネコは「かわいい」のが仕事

　長い間、ネズミを駆除するのがネコの基本的な仕事でした。ネズミ駆除という仕事がなくなった現代のネコたちの仕事はなんでしょうか？　それは「かわいい」ということだと思います。「かわいい」ことが人に癒しを与え、明日への活力を養ってくれます。ネコ飼いのみなさんなら日々感じていることではないでしょうか？

　ネコおもちゃでひたすら遊ぶネコの姿は、かわいいものです。彼らは一生懸命人間のために働いてくれています。そう思うとなんともいじらしい姿に見えてきませんか？

　それを見たいが故に、ネコのためにがんばっておもちゃをつくる人間の姿は、彼らからすれば逆にいじらしく見えているかもしれません。

　こちらが苦労して作ったおもちゃに、「まあ、つきあってやるか」とばかりに2～3回おざなりにさわってどこかに去ってしまうネコたちを見ると、そんな気がすることもあります。

　去っていくその後ろ姿さえもまたかわいいと思えるぐらいハマってしまうのが真のネコ飼いだと思うのですがいかがでしょうか？

第 **2** 章

ネコいきいき
ヘルスグッズ編

飼い主として常日頃気にかけなければいけないのは

ネコちゃんたちの健康です。

関連する商品もたくさんあります。

日々のちょっとした体調の変化も見逃さないための健康グッズなどを

電子ニャン工作してみました。

体重測定はネコの健康のための基本です。
体調管理に役立つ自動体重計を兼ねた
スマートトイレを手作りします。

ネコいきいき　ヘルスグッズ編 1

太った? やせた?
スマートトイレで
健康に

難易度：🌷🌷🌷🌷🌷

体調管理に 体重測定

今回のアイテム

「知らんまに太ってる！」「あれっ、こんなにやせちゃった！」自分の体重なら話は簡単ですが、体調変化を隠すのがうまいネコちゃんの話となると極めて重大です。毎日の体重を把握して、いち早く異変に気がつけば、深刻な病気を防いだり、じわじわくる慢性の病気を知ることにつながるかもしれません。

病気の兆候だけでなく、ストレスの度合いを知ることもできるでしょう。飼い主たるもの、ネコの体重を気にかけるのは当然の義務でしょう。

毎日自分の体重を測るときにネコを抱いて一緒に測定するという手もあります。地味ですが、確実。でも、抱けないネコちゃんもいるだろうし、「ネコの体重は知りたいけど、自分の体重は知りたくない」という飼い主さんもいるでしょう。

ちまたには「スマートネコトイレ」を標榜する商品がたくさんあります。ハイグレードな機種にはオシッコやウンチの処理だけでなく、体重測定の機能も付いています。そこで体重測定のできるスマートトイレを作ろうと考えました。

トイレは健康の
バロメーター。

ロードセルで重さを測る

キーとなる電子部品

重さを測る電子部品としては、質量やトルクといった力を検出するセンサー「ロードセル」を使います。

人間の体重計や車等の重量測定機などに使われる電子部品です。中にある「ひずみゲージ」という金属部品が荷重によってわずかに変形するので、その際の抵抗値を測定して重量を量る部品です。

マイコンには、M5Stack シリーズの ATOM Lite を使いました。液晶画面のない機種ですが、そのぶん比較的安価です。小型・軽量で装置などに搭載しやすいメリットもあります。性能も今回のシステムならこれで十分と判断しました。

これに計量機器用のICチップHX711搭載の、M5Stackシリーズ用「重さユニット」をつけます。

重さユニットの役割は、ロードセルから得られたデータを、ATOM Lite が受け取れる形に変換することです。駆動には専用のプログラムが必要ですが、次のGitHub*のページからダウンロードできます。

〈https://github.com/m5stack/M5Atom/blob/master/examples/KIT/SCALES_KIT/SCALES_KIT.ino〉

M5Stack 用の Scales Kit（スケールキット）

実は重さの測定に関しては、M5Stack 社 から「SCALES KIT」というものが出ています。ロードセル4つと重さユニット、配線のためのコードなどがセットになっています。ロードセルからのびたコードを重さユニットに差すだけで配線ができて簡単です。

主な電子部品

□ ATOM Lite

M5Stack シリーズの一種。

入手先〈https://www.switch-science.com/products/6470〉

□ 重さユニット

M5Stack シリーズで使える重量測定用のユニット。

入手先〈https://www.switch-science.com/products/6553〉

□ ロードセル

重さを量るためのセンサー。中に「ひずみゲージ」というパーツが入っている。

SCALES KIT

M5Stack シリーズで使える重量測定用キット。重さユニットと4つのロードセルがセットになっているので初心者でも扱いやすい。

入手先〈https://www.switch-science.com/products/8014〉

★ GitHub とは…

「GitHub」とは GitHub 社が運営するソフトウェア開発のための開発プラットフォームです。登録すれば、オープンとなっているソースコードを無料で使うことができます。世界中で多くのプログラム開発者に利用されています（詳しくは GitHub 社の公式 HP をご覧ください。https://github.co.jp）

ただ SCALES KIT のロードセルには、問題もあります。1個が最大50kgまで測定できるタイプで、4個では200kgまで測定できることになります。一見「大は小を兼ねる」で便利なように思えますが、ネコ用としては4個で20kg程度が理想なので測定範囲が広すぎます。

200kgのロードセルだと、20kgのそれに比べて10倍誤差が出やすくなります。これについてはプログラム側で調整するしかありません。

部材を設置するベース板ですが、DIY店でラワンの合板（縦600mm×横400mm×高さ18mm）を購入しました。

工作としては、ロードセルをベース板の四隅に設置し、各コードを重さユニットに差し、重さユニットをプログラム済みのATOM Lite に接続するだけです。特に難しいことはありません。

ただし2点だけ留意しました。

板に配置する前にそれぞれを正しく接続しておく。

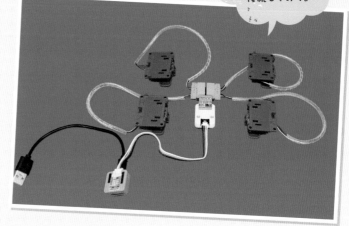

★ M5Stack とは…

M5Stack は小型のマイコンボードで、扱いやすさ、拡張性の高さ、価格の手頃さなどから、ホビーユースのメイカーからプロのシステム開発者まで幅広いユーザーに支持されています。機種にもよりますが、フルカラー液晶やボタン、スピーカー、Wi-Fi や Bluetooth などの機能、GPIO（汎用入出力ピン）などが搭載されています（機種によってないものもあります）。Wi-Fi 搭載なので比較的 IoT に強いのも特徴のひとつです。詳しくは下記をごらんください。

〈M5Stack 社 HP（英語）〉https://m5stack.com
〈筆者がビギナー向けに執筆した M5Stack の解説記事〉
https://fabcross.jp/topics/beginner_guide/20201210_m5stack_guide.html

● M5Stack シリーズの製品

M5StickC Plus

M5Stack Basic

Atom Lite

大きさと接続が
工作のポイント

ひとつは板の大きさです。ロードセルのコードの長さの関係で縦横400mmを最大値とするようM5Stack社の技術仕様書に書いてありました。

2つめは、各ロードセルの配置と重さユニットのソケットの関係です。物理的な接続は簡単ですが、正しい位置に配置したロードセルを、正しくユニットに接続しないときちんと機能しません。

まず、板を切って400mmの正方形に整えました。ネコが使うものなので、ロードセルを設置する部分以外のへりについてはヤスリをかけて角を取りました。さらに板全体にニスを塗りました。耐久性と安全性のためです。ニスは子供がなめても問題のない水性のアクリルニスを使いました。

次にロードセルを板に設置しました。R（右）・L（左）と矢印の刻印があるので、これを見ながら正しい配置で仮置きし、各コードを重さユニットのソケットに正しく差しました。

ポイントは、この配置は裏から見たものだということです。実際に使うときは、ひっくり返すのでロードセル側が接地面になります。したがって、表側から配置するときはRとLは反対になります。最後に付属の両面テープでロードセル、重さユニット、ATOM Lite を固定しました。

工作としては以上で完成です。

板を逆さまにして、その上にネコたちがいつも使っているトイレを載せました。

ネコトイレを載せたときに全体が傾いたり、ゆがんでいたりすると正しい重さが量れません。できるだけ表面が平らで硬いところに設置します。毛足の長い柔らかい絨毯の上などは避けたほうが無難です。フローリングなど板敷のスペースがあれば、ベスト です。

◀4個のロードセル、重さユニット、ATOM Lite を板に設置すれば完成。

> 完成した
> 手作りスマート
> ネコトイレ。

◀ロードセルが重さを計測。

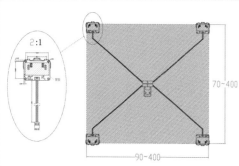

▲ 技術仕様書にあるロードセルの配置と設置の限界値。

🪙 **プログラミング編**

プログラミング時に必要なポイント

Arduino IDE の セッテッィング

　工作はあっという間ですが、本番はここから。ソフトウエア的にシステムを構築するのが少々やっかいです。一歩一歩手順を踏んで前進していきましょう。

　M5Stackシリーズを動かすためのプログラム開発環境は複数ありますが、最も一般的なものはArduino ＩＤＥです。
<small>アルドゥイーノ　アイディーティー</small>

　Arduino IDEは、は世界中で使われているマイコンボード「Arduino*」の開発環境です。ネット上に多くの情報があり、プログラミングに慣れていないビギナー

でも比較的扱いやすいと思います。ここでもプログラミング にはこの開発環境を利用しました。

　まずは下記にアクセスしてArduino IDEを自分のパソコンにインストールします（詳細はP130～134）。

〈https://www.arduino.cc/en/software〉

　以下、4つの作業を行いました。

❶ ボードマネージャーを使ってM5StackシリーズのCPU「esp32」を使えるようにする

・ボードマネージャーを開き、「追加のボードマネージャーのURL」に「https://dl.espressif.com/dl/package_esp32_index.json」と入力して実行

❷ ボードを選択する

・「ツール」→「ボード」→「esp32」→「M5Stack-ATOM」を選択

❸ ポートを選択する

・「ツール」→「ポート」→「/dev/cu.usbserial-xxxxxxxxxx」を選択（xxxxxxxxxxには10桁のアルファベットと数字が示される。それが自分のATOM Liteの識別番号。これを選択）

❹ HX711byRobTillaartをライブラリマネージャーで検索してライブラリにインストール

・インストールの方法はP131参照。

❶ M5Stack の CPU「esp32」が使えるように指定。

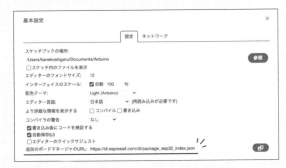

❷ ボードとして「ATOM Lite」を指定

❸ ATOM Lite が接続されたポートを指定

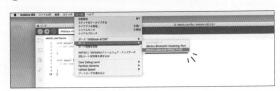

089

トイレの使用を LINEで通知

外出先でもトイレ使用の様子がわかると安心です。そこでネコがトイレに入ると、LINEに通知してくれるシステムをプログラムに取り入れました。

まずは異なるプラットフォーム間でデータをやりとりしてくれるIFTTTというクラウドサービスを使いました。

ロードセルからの情報をM5Stackがクラウドにあげると、IFTTTがその情報をLINE NotifyというLINEのトーク画面に自動で通知を飛ばすことができるサービスへと仲介してくれます。仲介する際にはWebhookという技術を使います。Webhookとは何かが起きたとき、それをトリガー（引き金）にして、指定したURLにPOSTリクエストする仕組みのことです（詳細はP93～P95をご覧ください）。

この場合は、重さの情報が、指定したURLつまりLINE Notifyにポスティングされる（送られる）ことになります。LINE Notifyは受け取ったデータをトーク画面に表示してくれます。

データをグラフ化

取得したデータは「Ambient」というクラウド上のサービスへも飛ばして、グラフとして見ることもできます。

有料の機能もありますが、基本的に無料でデータをグラフ化してくれます。

データをLINEに飛ばすまでの手順

❶ IFTTTのアカウントを登録する
↓
❷ IFTTT上でLINEのアカウント認証を行う
↓
❸ アプレット*を作成する
（＊ P93参照）
↓
❹ M5StackとLINEをIFTTTで連携するためのプログラムを作成する

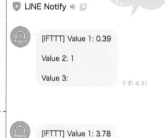

LINE Notifyの通知画面。

Ambientでデータをグラフにして可視化。

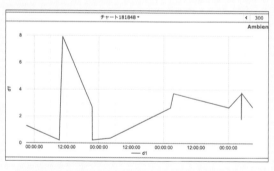

＊IFTTTはSNSなど他のWEBサービス同士を連携するためのApplet（「アプレット」。アプリの一種）が作れるWEBサービスです。Appletは無料で5つまで作れます。）

★Ambientとは…

細かな初期設定をしなくても送ったデータをリアルタイムでグラフ化してくれるクラウドサービスです。グラフを見るときは、WEBブラウザからアクセスして見ることができます。（詳しくはP95、またはAmbient社の公式HPをご覧ください。https://ambidata.io/）

GitHubからプログラムをダウンロード

セッティングの次はArduino IDEでのプログラミングです。まず基本となるプログラム「Rutles_Cat_Smart_Toilet」をGitHubからダウンロードします。とりあえずプログラムの詳しい内容がわからなくても問題ありません。

①GitHubにアクセス〈https://github.com/RutlesCat/Rutles_Cat_Smart_Toilet〉
②右上の「Code」→「Download Zip」でダウンロード→解凍
③フォルダ内の「Rutles_Cat_Smart_Toilet.ino」をダブルクリック。Arduino IDEが起ち上がり、プログラム（スケッチ）が画面に出ます。

＊格納するフォルダについてのアラートが出るようなら「OK」を押して先に進んでください。

設定しなければならないコード

必要なプログラムをArduino IDEにダウンロードできました。これをATOM Liteに書き込めばよいわけですが、このプログラムにはどうしても自分で設定しなければならないところがあります（下記囲みのぼかし部分）。

❶ 自宅等のWi-FiのSSID、Wi-Fiのパスワード
❷ IFTTTのMaker Webhooksによるmaker Eventとmaker Key
❸ Ambientのチャネル IDとライトキー

❶については自宅のネット環境（必ず2.4GHz用を選択）で使われているものをものを入れます。
❷はデータをLINEに送って見るために必要なものです。❸はAmbientを利用するためものです。
❷・❸については、P93〜P95を見てください。一見複雑そうに

見えますが、ひとつひとつ手順を踏んでいけば、必ずできます。やってみてください。

プログラムをATOM Liteに書き込んで、データ収集スタートです。

なんとか自動で体重がわかるようになりました。我が家には2匹のネコがいますが、幸い体重がかなり違うので数値から見分けがつきました。

最初は数値がゆらぐこともありますが、使っているうちに安定してきます。

1日のうちで、ウンチやオシッコを「いつ頃しているのか」「何回しているのか」といった情報が外出先でもわかります。健康なネコライフにかなり役立つと思います。ぜひ挑戦してみてください。

自分で設定しなければならない部分

```
28
29      const char* server = "maker.ifttt.com";  // IFTTT Server URL
30
31      //=====ここから個別に設定が必要な項目=====
32
33      const char* ssid = "*********"; // Wi-FiのSSID           ···❶
34      const char* password = "*********"; // Wi-Fiのパスワード
35
36      String makerEvent = "*********"; // Maker Webhooks        ···❷
37      String makerKey = "*********";  // Maker Webhooks
38
39      Ambient ambient;
40
41      unsigned int channelID = 00000;                          ···❸
42      const char* writeKey = "*********";
43
```

GitHubからプログラムをダウンロード

＊上記はあくまで一例です。測定精度については、トイレそのものや設置場所などによっても変わります。精度が出ないときは、プログラムを修正する、ロードセルを変える、などカスタマイズしてください。

```
1    /*
2      smart cat toilet for M5Stick C Plus
3      item
4      M5Atom Lite
5
6      WEIGHT UNIT
7      Load Cell 32kg https://ja.aliexpress
8      or
9      M5 SCALES KIT https://shop.m5stack.
10
11     library
12     HX711 library https://github.com/Ro
13     ArduinoJson
14     Ambient
15   */
16
17   #include "HX711.h"
18   #include <M5Atom.h>
19
20   #include <Ambient.h>
21
22   #include <WiFi.h>
23   #include <stdlib.h>
24   #include "time.h"
25   #include <HTTPClient.h>
26   #include <ArduinoJson.h>
27   #include <WiFiClientSecure.h>
28
29   const char* server = "maker.ifttt.com
30
31   //=====ここから個別に設定が必要な項目=====
32
33   const char* ssid = "*********"; // W
34   const char* password = "*********";
35
36   String makerEvent = "*********"; // M
37   String makerKey = "*********";  // M
38
39   Ambient ambient;
40
41   unsigned int channelID = 00000;
42   const char* writeKey = "*********";
43
44   const int place = 1;  //トイレのユニークナ
45
46   //ロードセルの係数設定 SCALES KITは200kg
47   // 200kg 30.000 | 32kg 100.8 | 20kg 1
48   #define cal 30.000
49
50   //=====ここまで個別に設定が必要な項目=====
51
52   WiFiClient client;
53
54   const char* ntpServer = "ntp.jst.mfeed
55   const long gmtOffset_sec = 9 * 3600;
56   const int daylightOffset_sec = 0;
57
58   #define FRONT 1
59
60   #define X_LOCAL 40
61   #define Y_LOCAL 40
62   #define X_F 30
63   #define Y_F 30
64
65   const int capacity = JSON_OBJECT_SIZE
66   StaticJsonDocument<capacity> json_req
67   char buffer[255];
68
69   HX711 scale;
70
71   uint8_t dataPin = 32;
72   uint8_t clockPin = 26;
73
74   uint32_t start, stop;
75   volatile float f;
76
77   int notZero = 0;
78   float oldWeight = 0.00;
79   boolean flg = false;
80
81   void wifiConnect() {
82     WiFi.begin(ssid, password);
83     while (WiFi.status() != WL_CONNECTE
84       M5.dis.drawpix(0, 0x000055);
85       delay(500);
86       M5.dis.drawpix(0, 0x000000);
87       Serial.print(".");
88     }
89     Serial.print("WiFi connected\r\nIP
90     Serial.println(WiFi.localIP());
91     M5.dis.drawpix(0, 0x000000);
92   }
93
94   void setup() {
95     M5.begin(true,false,true);
96     delay(50);
97     M5.dis.drawpix(0, 0x000000);
98     Serial.println("black");
99     scale.begin(dataPin, clockPin);
100    wifiConnect();
101    configTime(gmtOffset_sec, daylightO
102    struct tm timeinfo;
103
104    WiFi.disconnect(true);
105
106    // TODO find a nice solution for th
107    // load cell factor 32 KG
108    scale.set_scale(cal);
109
110    Serial.begin(115200);
111    delay(1000);
112    // reset the scale to zero = 0
113    scale.tare();
114
115    oldWeight = 1;
116    M5.dis.drawpix(0, 0x000000);
117
118  }
119
120  //IFTTTにパラメータを送信
121  void sendToIFTTT(float value1) {
122
123    int value2 = place;
124
125    String url = "/trigger/" + makerEve
126    url += "?value1=";
127    url += value1;
128    url += "&value2=";
129    url += value2;
130
131    Serial.println("\nStarting connecti
132    if (!client.connect(server, 80)) {
133      Serial.println("Connection failed
134    } else {
135      Serial.println("Connected to serv
136      // Make a HTTP request:
137      client.println("GET " + url + " H
138      client.print("Host: ");
139      client.println(server);
140      client.println("Connection: close
141      client.println();
142      Serial.print("Waiting for respons
143
144      while (!client.available()) {
145        delay(50);  //
146        Serial.print(".");
147      }
148      // if there are incoming bytes av
149      // from the server, read them and
150      while (client.available()) {
151        char c = client.read();
152        Serial.write(c);
153      }
154
155      // if the server's disconnected,
156      if (!client.connected()) {
157        Serial.println();
158        Serial.println("disconnecting f
159        client.stop();
160      }
161    }
162  }
163
164  void loop() {
165    M5.update();
166    if (M5.Btn.wasReleased()) {
167      scale.tare();
168    }
169    M5.dis.drawpix(0, 0x333300);
170    // continuous scale 4x per second
171    f = scale.get_units(5);
172    float weight = f / 1000;
173    Serial.print(f);
174    Serial.print(" ");
175    Serial.print(weight);
176    Serial.print("-");
177    Serial.print(oldWeight);
178    Serial.print("=");
179    Serial.println(weight - oldWeight);
180
181    // 10g以上の変動が21回連続したら送信判定し
182    if (weight >= oldWeight + 0.01 || w
183      notZero++;
184      Serial.println(notZero);
185      if (notZero > 20) {
186        float wDiff;
187        wDiff = weight - oldWeight;
188        Serial.print("Send Value = ");
189        Serial.println(wDiff);
190
191        //200g以上プラス変異があったらクラウド側
192        if (wDiff >= 0.2) {
193          M5.dis.drawpix(0, 0x005500);
194          wifiConnect();
195          M5.dis.drawpix(0, 0x005555);
196          sendToIFTTT(wDiff);
197          ambient.begin(channelID,write
198          ambient.set(1, wDiff);
199          ambient.send();
200          WiFi.disconnect(true);
201          Serial.println("Wi-Fi disconn
202        }
203
204        oldWeight = weight;  //ゼロ点をズ
205        notZero = 0;
206      }
207    } else notZero = 0;
208  }
```

IFTTT の makerEvent と makerKey の取得

❶IFTTT公式ページ（https://ifttt.com/）にアクセス。
「Create」をクリック。

❷「Create」画面で「If This」をクリック。

❸「検索」画面に「webhooks」を入力。マークが出たらクリック。

❹「Choose a trigger」 画 面 で「Receive a web request」をクリック。

❺「Connect service」画面で「connect」をクリック。
「Complete trigger fields」画 面 でEvent Name に
「Smart_Cat_Toilet」と 入 力（こ の Event Name が
「makerEvent」に な り ま す）。最 後 に「Create
trigger」をクリック。

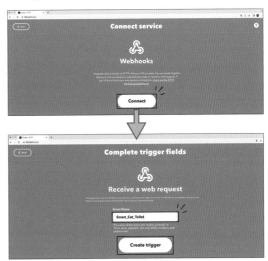

❻「Create」画面で「Then That」をクリック。

❼「Choose a service」画面で検索窓に「line」と入力し、
「LINE」のマークが出たらクリック。

❽「Choose an action」画面で「Send message」をクリック。

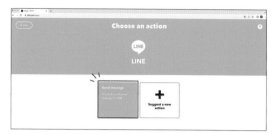

❾「Connect service」画面で「Connect 」をクリック。

❿LINE認証画面が表示されるので、アカウント＆パスワードを入れてログイン。

※本人確認が求められるので、手順にしたがって行う。

⓫LINE Notify画面で「同意して連携する」をクリック。

⓬「Send message」画面で内容を確認して「Create Action」をクリック。

⓭「Create」画面にもどるので「Continue」をクリック。

⓮「Review and finish（確認と終了）」画面で「Finish」をクリック。

⓯「Explore」画面にもどり、「Webhooks」を検索して、マークをクリック。

　＊ここで紹介した手順と画面は執筆時のものです。変更になっている可能性もあります。詳しくは IFTTT のホームページでご確認ください。

⓰「Webhooks Integlations」画面で「My Applets」を
クリック。

⓱「If Marker Event "Smart_Cat_Toilet",Then Send
message」をクリック。

⓲If Marker Event "Smart_Cat_Toilet",Then Send
message」画面の「Settings」をクリック」をクリック。

⓳「Webhooks Settings」画面の「Details」のところ
の「URL」に出る「https://maker.ifttt.com/use/＊
＊＊＊＊＊＊＊＊」の「＊＊＊＊＊＊＊＊＊」部
分をコピーして保存。この「＊＊＊＊＊＊＊＊＊」
部分がmakerKeyになる。

AmbientでチャンネルIDとライトキーを取得

❶Ambient公式ページ（https://ambidata.io/usr/
signup.html）でユーザー登録して、ログイン。

❷「チャンネルを作る」をクリック。

❸チャンネルIDとライトキー（Write Key）を取得。

★ Ambient 使うときとは…

Arduino IDE で、ライブラリマネージャーか
ら Ambient のライブラリを必ずインストール
してください。（詳しくは Ambient 社の公式 HP
をご覧ください。https://ambidata.io/）

手づくりスマート

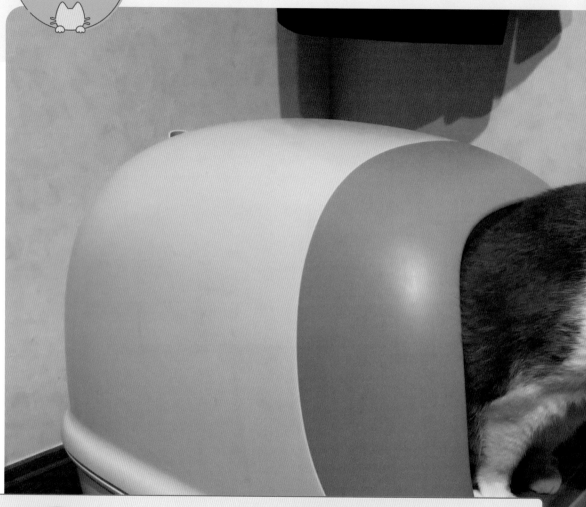

ネコちゃんプロフィール

ぽちちゃん

14歳になる女の子。ふ
だんはおすましネコだが、
甘えるときは necobit さ
んから離れないとのこと。
ツンデレ系だそうだ。

作った人プロフィール

necobit さん
（ネコビット）

名前にネコ（neco）をつけるぐら
いの大のネコ好き。プロのエンジ
ニアであり、音楽と電子回路をテー
マにメイカーとしても活動している
（詳しくは necobit さんのホーム
ページまで https://necobit.com）。
その世界では知られた存在だ。ち
なみにロゴマークはもちろんネコ。

トイレで愛猫の健康管理

愛猫のためにスマートトイレを作った
ベテランメイカーさんのケースを紹介します。

🐾 抱けないネコの体重を測る

　名前にネコ (neco) をつけるぐらい、ネコ好きのベテランメイカー necobit さん。現在は14歳になる「ぽち」ちゃんと暮らしています。

necobit：「ぽち」は抱かれるのがいやで、体重を量ることができませんでした。そこでトイレに入ったとき、自動で体重が量れる装置がほしくて作りました。
常時計測してグラム単位で変化を見られれば、体重はもちろん、トイレの回数、滞在時間、排泄物の量などがわかります。
データはクラウドに送り、スマホで見たり、ログとして記録し、グラフなどで可視化しました。

　necobit さんのシステムは、下記の通りです。

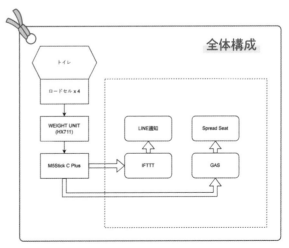

🐾 データの調整に一苦労

necobit さんは、1個8kg上限のロードセルを、3Dプリンターでステー（設置のためのパーツ）を作って四隅に配置しました。

マイコンボードとしてはM5StackシリーズのM5StickC Plusを使い、これに「重さユニット」を付けました。

necobit：この構成でまずはデータを取ってみたのですが、思ったよりドリフトして、値がジリジリと変わってしまいます。そこで微妙に変わっていく数値は全部カッ

トして、瞬間的に数値が変わったときだけ計測するというデータの取り方をしました。

処理したデータはWi-Fi経由でクラウドへと送り、クラウド上のサービスを使って可視化します。のちにフレキシブルに数値を使えるよう、Googleスプレッドシートを使いました。

necobit：取れたデータを見ると、まだノイズが多く見づらい状態でした。そこで閾値（いきち）の調整を行うことにしました。方針としては次の3つです。

1. ドリフト対策として常時10g以上の変動があったら0kgの基準点をずらす。
2. 誤作動防止に200g以上変動した状態が20回計測分（約5秒）続いたら数値を記録する。
3. ゴミ対策として数値が増えたときだけ記録する。

こうして取れたデータをもとにできたのがP99のグラフです。さらにnecobitさんはネコがトイレに入ったときにLINE Notifyに通知を出すよう設定しました。

necobit：量り始めからひと月を過

白いパーツが3Dプリンターでつくったステー

▲ ロードセル

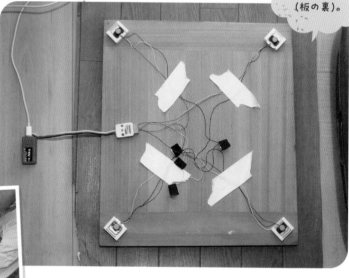

全体の配線（板の裏）。

▲ 台の上にトイレを載せる。

注意：necobit さんのスマートネコトイレの内容等にご質問があれば、編集部までメールでお問い合わせください（P6参照）。necobit さんへの直接の連絡はご遠慮ください。

ぎたところで、体重が減っているのがわかりました（Aの部分）。この時期、ちょうど引っ越しした直後で環境が変わったせいか食が細くなっていました。動物病院に連れて行くと、獣医の先生から「少し体重を増やした方がいいですね」といわれたので、環境に慣れて食べ出した頃を見はからって餌の量を増やしました。そうしたらどんどん増え出して（Bの部分）太り気味になってきたので以前と同じに戻しました。ちなみにときどき突出してあらわれる山（Cの部分）は、砂や下に敷くシートを取り替えたときのものです。

体重だけを追っていても、餌との関連性がわかって面白かったというnecobitさん。ただ、問題点も感じました。

necobit：精度をもっと上げたいと思っています。ネコの場合、10g単位まで正確に量れれば十分なんですが、そこまで至っていないですね。ウンチやオシッコの量までは今のところ、ちょっとわからない。ハード面、ソフト面、両方で修正の必要を感じています。

体重管理がうまくできるように

なったら、次は尿の管理にも取り組みたいといいます。

まだまだ進化しそうなnecobitさんの手作りスマートネコトイレ。愛猫との幸せなネコライフを目指して開発は続くことでしょう。

データから作ったグラフ

計測重量(kg) と 変化量(kg)

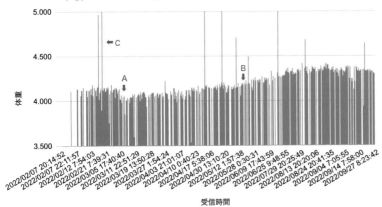

▲ データをもとにできたグラフ。

▲ LINE Notify の通知。数値はトイレそのものを含んだ全重量を示している。

ネコちゃんの健康を守るため、
飲み水を管理する装置を作ります。

健康生活のポイント
飲水計で飲み水の
回数と量を知ろう

難易度：🐱🐱🐱🐱🐱

飲み水の量と健康

今回のアイテム

　その昔はネズミを獲るという大切な役割を負っていたネコちゃんたちも、今は人のかたわらで癒しや安らぎを与えるのが日課になっています。仕事を全うするためには「丈夫で長生き」が何より重要です。しかしそこには大きな壁が…。それがネコに多い腎臓病です。

　腎臓病はネコちゃんの健康生活にとっていわばラスボス。ネコ飼いであれば、日々これに立ち向かい、愛猫を守らなければなりません。

　腎臓病の初期の兆候は多飲多尿に表れるといわれています。体内に溜まるさまざまな毒素の濾過装置である腎臓が加齢などで衰えてくると、少しでもその機能を補おうと水の摂取量が増え、それにつれて尿の回数も増えます。1日に飲む水の回数と量がわかれば、有用な健康情報になります。そこでネコの飲水計作りに挑戦しました。

キーとなる電子部品

　今回も重量を量ることがメインになるので、スマートトイレと同じくロードセル（P86参照）を使って重さをセンシングし、データはM5Stack用重さユニット＋M5StackシリーズのATOM Lite（P86参照）の組み合わせで処理することにしました。

　水飲みの容器はトイレほど大きくはないので、ロードセルはスマートネコトイレのときの4点式ではなく、1点式のシングルポイントで測定するタイプを使いました。測定上限としては最大10kg。ネコが飲む水の量は1日最大200cc（ただし、個体差は大きいとされています）といわれているので、数10g単位での測定ができるとかなり有効です。10kg以下のものが適当と判断しました。

ロードセルをセッティング

異なるネジ穴の径

ロードセルの固定には、加工がしやすいので板材を使うことにしました。ただし湿気などで反ってしまうと正しい計測ができないのである程度の厚みが必要です。板厚15mm、天地左右150mmの正方形の板2枚を用意しました。**2枚でロードセルをはさむ構造になり**ます。

ロードセルには、固定のためのネジ穴が4つ開いていますが、左右に2つずつのセットで分かれており、**ネジの径は一方は4mm、もう一方が5mmと違っているので注意が必要です。**

板の中央にロードセルをおいて、穴の位置を決めます。ロードセルには上下があるので、おいてみると、4mm径と5mm径の位置がそれぞれ決まるので、径に合わせてドリルで穴を開けます。**ネジの頭が板から出ないように埋めこむ必要があるので、表面に近い部分はネジ頭の大きさ分、穴を広げました。**

上下を見ながら慎重に穴を開けたつもりでしたが、若干位置が違ってしまい、結果的に板材がず

主な材料

1 板材
2 ATOM Lite
3 重さユニット
4 ネジ&ワッシャー
5 ロードセル

▲ロードセルには左右に4つのネジ穴がある。左と右では使うネジの径が異なる。上下も決まっているので取り付けるときは注意したい。

製作の手順

01
ドリルで板材に穴を開ける。

02
ワッシャーで高さを調節。

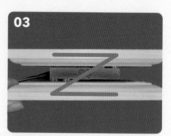

03
真横から見るとZ型の構造になる。

れてしまいました。まあ大勢に影響はないのでご愛嬌ということでここは目をつぶりました。

ワッシャーで高さ調節

シングルポイントのロードセルは、端と端をそれぞれ別の板につなぎ、上下にはさんで使います。このアルファベットの「Z」のような構造が、中央部分にわずかなゆがみを生みます。その値をセンシングするスタイルになっています。

ただロードセルと板材の間にはすきまが必要です。また樹脂で封入された接続部分が若干盛り上がっているので、板との接触を避ける意味でも高さが必要です。高さ調整にワッシャー3枚をはめました（このあたりは微妙なので使いながら枚数を調整した方がいいかもしれません）。

最後にロードセルのコードを重

高さがあるので飲みやすそう♪

▲ 飲水計から水を飲む。

さユニットの差しこみ口にそれぞれの色を合わせてつなぎます。さらに ATOM Lite を接続して、USBコードで電源を確保します。

装置としてはこれで完成です。

この上に水を入れた容器を置くのですが、板材に水がかかるとゆがみの原因になるので、コルクボードを1枚下に敷きました。

水を容器に入れて下敷きのコル

クボードごと重量を量ると全部で約1300gになりました（基準の重量としてはこれがおおよその目安となります）。

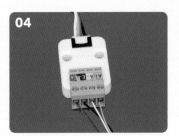

04

コードの色に注意してロードセルと重さユニットをつなぐ。

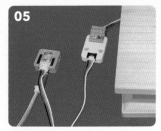

05

ATOM Lite をつないで完成。

完成！

▲ 使うときは多少水がこぼれてもいいように容器の下にコルクボードを敷いた。

水を飲んだらスマホに通知

| データはLINE Notifyへ

ロードセルがセンシングしたデータは、重さユニットで変換してATOM Liteが処理します。ATOM Liteはネコが水を飲むとLINE Notifyにデータを飛ばすので、携帯で確認することができます。

まずはATOM Liteが使えるように、Arduino IDEをインストールし、ボードとポートを選定。次に重さユニットが使えるよう、ライブラリ（HX711 by Rob Tillaart）をインストールします（詳しくはP89をみてください）。

プログラムは、以下のアドレスでGitHubからダウンロードします。< https://github.com/RutlesCat/Rutles_Cat_Water_Scales >

GitHubからArduino IDEへのコピーの方法は、P87をみてください。

プログラムをダウンロードしたら、以下の設定を自分用に変更します。
①自宅等のWi-FiのSSID
②自宅等のWi-Fiのパスワード
③IFTTTのMaker Webhooksによる makeEventとmakeKey

③の取得方法についてはP93〜P95をみてください。

| 1日の飲水量が わかるようデータを処理

プログラムの当該箇所を自分用に変更したら、ATOM Liteに書き込んで、飲水計とつなぎます。センシングスタートです。

水はわずかずつ自然に蒸発しますが、このプログラムではマイナス変異が一定時間以上連続してあれば「ネコが飲んだ」と判断して通知を送ってくれます。1回の通知で、「その日の何回目の飲水か」（回数）と「その日、全部でどれくらい飲んだか」がわかります。データは深夜0時をまたぐといったんリセットされます。

手づくり飲水計で毎日のネコちゃんの飲水量をチェックして、健康維持に役立てましょう。ただし、飲水量は一つの目安です。過信せず、ネコちゃんの行動もよく観察し、少しでもおかしなところがあれば獣医さんにみてもらいましょう。

午前中、餌の後に手作り飲水計から水を飲む我が家のネコ。

飲み終えると、LINE Notifyで携帯に通知が来る！

[IFTTT] water 1: 2.43
Value 2: 1
Value 3: 2.43　　午前4:50

[IFTTT] water 1: 19.93
Value 2: 2
Value 3: 22.36　　午前10:12

[IFTTT] water 1: 8.12
Value 2: 3
Value 3: 30.48　　午前10:16

[IFTTT] water 1: 3.12
Value 2: 4

飲水計で愛猫の健康を守る！

この飲水計はP96〜P99でも紹介しているベテランメイカーのnecobitさんが、14歳になる愛猫「ぽち」ちゃんのために作ったものを参考にしています。

necobit：ロードセルを2枚のディスクではさむ形にしました。上下のディスクをロードセルに、取り付けるときはそれぞれアダプターのためのパーツをはさんでいます。水を入れた容器を上部ディスクに載せるとロードセルの中央が歪むので、それを重量変化として測定しています。装置としてはディスクとロードセルの固定がキーポイントになります。
ディスクはアクリルを使いました。台はMDF*です。底部はアーチ型でここにコードを通して配線しやすようにしています。設計自体はCADで行い、レーザーカッターで切り出しました。

上部のディスクには3Dプリンターで作った容器を固定するパーツもついています。全体として、安定したつくりで、ロードセルが正しく駆動できるようになっています。

necobit：データを処理するATOM Liteのプログラムですが、基本的にトイレのときと同じく閾値を調整して基準点をずらしています。ただし、トイレのときと違い、1cc（＝1g）単位で変異を見たいのでより細かくしました。具体的にはマイナス変異が一定時間以上連続してあれば、「水を1回飲んだ」と判定して、LINE Notifyに通知するようになっています。
水はじわじわ蒸発して常に減っていきますが、飲水と違って短時間で大きく変化はしないのでそこは無視しました。

実際に朝晩、水の入った容器を計測して、飲水計と比較したところ、ほぼ同じような数値だったそうです。

愛猫の飲み水の回数と量をこの飲水計で常に把握し、腎臓病の早期発見に役立てているとのことでした。

注意：necobitさんの飲水計の内容等にご質問があれば、編集部までメールでお問い合わせください（P6参照）。necobitさんへの直接の連絡はご遠慮ください。

necobitさんが作った飲水計から水を飲むぽちちゃん。

---

* MDF…"medium-density fiberboard"の略。「中密度繊維板」を意味する。木製ボードの一種。安くて丈夫、加工もしやすいので工作にもよく用いられる。

ネコのモニタリングシステムを
カメラ付きマイコンボードで作ります。

ネコいきいき　ヘルスグッズ編 3

うちの子、今何してる?
ネコモニターで見守ろう

難易度：

別室のネコちゃんが気になる方へ

┃ 今回のアイテム

　たいがいのネコちゃんはパソコンが好きです。家でパソコン作業をしているとネコちゃんが寄ってきて邪魔しに来る（癒しに来る？）はネコ飼いあるあるだと思います。そんなネコちゃんたちと「どかす」→「また来る」の攻防を繰り返しつつする作業もネコ飼いの密かな楽しみといえなくもありません。

　だが、しかし…。仕事でパソコンを使う場合はいつまでも楽しんでいるわけにもいきません。リモートミーティングなどしていると、部屋の背景を消していても画面の前にネコちゃんやってきて映りこんでしまうことも。落ち着いて会議ができません。こうして仕事部屋などへの入室をネコちゃんにご遠慮いただくオーナーさんも多いでしょう。…とはいえこちら

の作業中に別室でネコが何をしてるかは気になるものです。

　あるいは「食事やトイレの状況を観察したい」「老齢ネコを見守りたい」という方もいるでしょう。

　ペットのモニタリング用カメラは市販品にもたくさんありますが、ネコ飼いメイカーなら自由にカスタマイズできる自分専用のものを作ってみたいものです。

　…というわけで、今回はネコモニターの作製に挑戦します。

┃ キーとなる電子部品

　システムとしては、カメラ付きマイコンボードを電源とともに適当な場所に設置します。画像はWi-Fiで家庭内のローカルなネットにつなぎます。自分のパソコンや携帯からネコちゃんの様子を見ることができます。

　マイコンボードとしては、M5

Stackシリーズの「Timer Camera X」を使いました。カメラに「OV 3660」というイメージセンサーが使われています。画質はそこそこといった感じですが、モニタリングに使うには問題ありません。バッテリーが内蔵されている上に低消費電力設定になっているので、1時間に1枚の写真撮影なら1ヶ月以上もちます。視野角も66.5度と設置場所を工夫すれば十分です。ただし、部屋全体を写すには物足りないので、その場合には魚眼レンズ（視野角120度）付きの上位機種「Timer Camera F」もあります。

　価格も3000円前後とお手頃です。カスタマイズ可能なネコモニター用マイコンボードとしてはコストパフォーマンスはよいと思います。

主な電子部品

□ **Timer Camera X（左）**
□ **Timer Camera F（右）**

シリーズの製品ラインナップにあるカメラ付きのM5Stackが「Timer Camera」です。「Timer Camera X」と「Timer Camera F」の2種類があります。違いはレンズで、後者には魚眼レンズが使われています。どちらの機種も最高解像度は2048×1536ピクセル（約300万画素）です。

入手先
● Timer Camera X 〈https://www.switch-science.com/products/6742〉
● Timer Camera F 〈https://www.switch-science.com/products/6786〉

設置場所に合わせたセッティング

どこを
モニタリングするか?

どこをどうモニタリングするかで設置方法は変わると思いますが、いずれにせよ、Timer Camera には筐体があったほうがいいし、画角を自由に変えられる工夫も必要です。

筆者の家のネコたちは老齢でもあるので食事とトイレのモニタリングが主な用途となります。トイレはP84のスマートトイレでチェックしているので、食事の方をメインに考えました。

フードを置く場所はほぼ決まっているのですが、実は2匹のエサは異なります。一方は尿路結石症予防のための療法食、もう一方は普通の総合栄養食です。たまにスイッチして食べようとすることがあるので、食事中、様子が見られると便利です。

バッテリーに関しては常時ストリーミングしたいので、USB電源が取れるコンセントからさほど遠くない場所としました。

設置場所は決まりましたが、画角の微調整はしたいので、100円ショップで手に入れたフレキシブ

ルアーム(200円)を柱に固定し、先端に筐体を取り付ける方法を取りました。

筐体としてはTimer Cameraが入っていたケースでも、100円ショップの適当なタッパーでもいいと思います。レンズや配線の部分だけ穴を開けて、本体をセットしました。

穴を開け、
Timer Camera をセット。

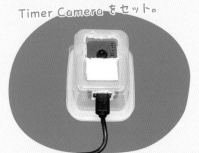

壁に
フレキシブルアームで
取り付け。

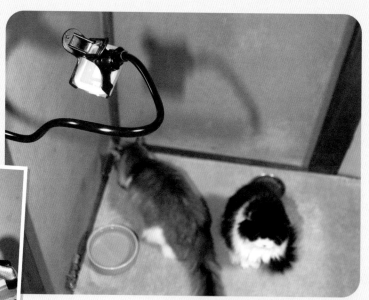

▲ 餌と水の真上にセッティング。

室内 web-camera 用プログラム

Arduino IDEでボードとポートをセッティング

M5Stackシリーズの製品なので、今回もプログラミングにはArduino IDE（P130参照）を使いました。

下記の1〜6の手順でプログラミングしていきます。

（1と2の作業は、以前やったことがあれば、あらためて実行する必要はありません）

1.下記にアクセスしてArduino IDEを自分のパソコンにインストールします。

〈https://www.arduino.cc/en/software〉

2.ボードマネージャーを開きます。

「追加のボードマネージャーのURL」に「https://dl.espressif.com/dl/package_esp32_index.json」と入力して実行します。

4. ポートを選択

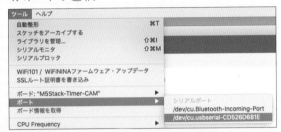

▲ Timer Camera が接続されたポートを指定。

3.ボードを選定します。

Arduino IDEを開いて「ツール」→「ボード」→「esp32」→「M5Stack-Timer-CAM」と選択。

4.ポートを選択します。

Timer Cameraをパソコンにつなぎ、「ツール」→「ポート」からつながっているポートを選びます。

これでArduino IDE上でパソコンとTimer Cameraがつながり、プログラミングの準備ができました。

新しいマイコンボードなどをつないだときには必ずこの作業が必要になります。

5.スケッチ例を選択します。

「スケッチ」→「ライブラリをインクルード」→「Timer-CAM」と選択すると、スケッチ例にTimer Cameraで使えるスケッチが出てきます。「ファイル」→「スケッチ例」→「Timer-CAM」→「web_cam」を選択すれば、画面にスケッチ（プログラム）が出てきます。

3. ボードを選定

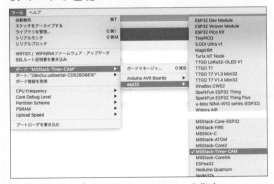

▲ ボードとして「M5Stack-Timer-CAM」を指定。

5. スケッチ例を選択

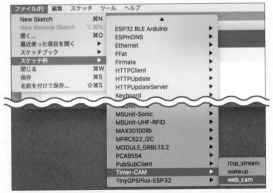

▲ スケッチ例から「web_cam」を選択。

6.ここでプログラムの中の自宅のWi-Fiルータの情報に「ssid」（❶）と「password」（❷）を変更します。（ルータにつなぐときは、2.4GHzの方へつなぎます）これでプログラムは完成です。

```
28
29  const char* server = "maker.ifttt.com"; //
30
31  //=====ここから個別に設定が必要な項目=====
32
33  const char* ssid = "▮▮▮▮▮▮▮▮"; // Wi
34  const char* password = "▮▮▮▮▮▮▮▮"; //
35
36  String makerEvent = "Smart_Cat_Toilet"; //
37  String makerKey = "▮▮▮▮▮▮▮▮";
38
39  Ambient ambient;
40
```
❶
❷

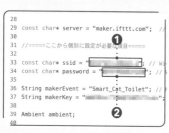
▲自宅Wi-Fiルータの情報は自分で設定しなければならない。

表示されているURLにアクセスすると、下のような画面が出てきます。ここで画像を調整することができます。

スクロールして下にある「Start Stream」（映像）をクリックすると画像ウインドウが開き、モニタリングが始まります。あらためて画像を見ながら画角を決めていきましょう。

画像用のアプリに接続するとパソコンや携帯で画像が見られる

画像にアクセス

できあがったプログラムをTimer Cameraに書き込みます（「スケッチ」→「書き込み」）。書き込みが完了したら、「ツール」→「シリアルモニタ」と選択し、スケッチの画面の下にシリアルモニタを呼び出します。通信速度を「9600」から「1152000」に変えます。

しばらくすると下の画面のようなメッセージが出てきます。

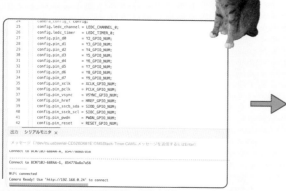
▲「シリアルモニタ」に画像を見るためのアプリのURLが出る。

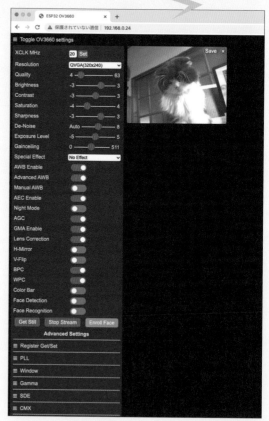
▲Wi-Fiが届く範囲内ならパソコンなどでモニタリングできる。

ネコモニター（室内）ArduinoIDE のコード

```
 1  #include "battery.h"
 2  #include "esp_camera.h"
 3  #include <WiFi.h>
 4  #include <soc/soc.h>
 5  #include "soc/rtc_cntl_reg.h"
 6
 7  #include "camera_pins.h"
 8
 9  const char *ssid     = "*************";
10  const char *password = "*************";
11
12  void startCameraServer();
13
14  void setup() {
15      Serial.begin(115200);
16      WRITE_PERI_REG(RTC_CNTL_BROWN_OUT_REG, 0);  // disable    detector
17      bat_init();
18      bat_hold_output();
19      Serial.setDebugOutput(true);
20      Serial.println();
21      pinMode(2, OUTPUT);
22      digitalWrite(2, HIGH);
23
24      camera_config_t config;
25      config.ledc_channel = LEDC_CHANNEL_0;
26      config.ledc_timer   = LEDC_TIMER_0;
27      config.pin_d0       = Y2_GPIO_NUM;
28      config.pin_d1       = Y3_GPIO_NUM;
29      config.pin_d2       = Y4_GPIO_NUM;
30      config.pin_d3       = Y5_GPIO_NUM;
31      config.pin_d4       = Y6_GPIO_NUM;
32      config.pin_d5       = Y7_GPIO_NUM;
33      config.pin_d6       = Y8_GPIO_NUM;
34      config.pin_d7       = Y9_GPIO_NUM;
35      config.pin_xclk     = XCLK_GPIO_NUM;
36      config.pin_pclk     = PCLK_GPIO_NUM;
37      config.pin_vsync    = VSYNC_GPIO_NUM;
38      config.pin_href     = HREF_GPIO_NUM;
39      config.pin_sscb_sda = SIOD_GPIO_NUM;
40      config.pin_sscb_scl = SIOC_GPIO_NUM;
41      config.pin_pwdn     = PWDN_GPIO_NUM;
42      config.pin_reset    = RESET_GPIO_NUM;
43      config.xclk_freq_hz = 20000000;
44      config.pixel_format = PIXFORMAT_JPEG;
45      config.frame_size   = FRAMESIZE_UXGA;
46      config.jpeg_quality = 10;
47      config.fb_count     = 2;
48
49      // camera init
50      esp_err_t err = esp_camera_init(&config);
51      if (err != ESP_OK) {
52          Serial.printf("Camera init failed with error 0x%x", err);
53          return;
54      }
55
56      sensor_t *s = esp_camera_sensor_get();
57      // initial sensors are flipped vertically and colors are a bit satura
58      s->set_vflip(s, 1);        // flip it back
59      s->set_brightness(s, 1);   // up the blightness just a bit
60      s->set_saturation(s, -2);  // lower the saturation
61
62      // drop down frame size for higher initial frame rate
63      s->set_framesize(s, FRAMESIZE_QVGA);
64
65      Serial.printf("Connect to %s, %s\r\n", ssid, password);
66
67      WiFi.begin(ssid, password);
68
69      while (WiFi.status() != WL_CONNECTED) {
70          delay(500);
71          Serial.print(".");
72      }
73      Serial.println("");
74      Serial.println("WiFi connected");
75
70          delay(500);
71          Serial.print(".");
72      }
73      Serial.println("");
74      Serial.println("WiFi connected");
75
76      // If you want to use AP mode, you can use the following code
77      // WiFi.softAP(ssid, password);
78      // IPAddress IP = WiFi.softAPIP();
79      // Serial.print("AP IP address: ");
80      // Serial.println(IP);
81
82      startCameraServer();
83
84      Serial.print("Camera Ready! Use 'http://");
85      Serial.print(WiFi.localIP());
86      Serial.println("' to connect");
87  }
88
89  void loop() {
90      // put your main code here, to run repeatedly:
91      delay(100);
92      digitalWrite(2, HIGH);
93      delay(100);
94      digitalWrite(2, LOW);
95  }
```

モニタリング中。
仲良く餌を
食べる2匹。

自分の分ではない餌まで
食べているところが
カメラに映った。

注意：掲載したプログラムは執筆時のものです。プログラムは更新されることもあるのでご注意ください。

外出先で画像を見る

LINE Notify を利用

室内のモニタリングは完璧ですが、外出時にネコの様子がわかればさらに便利です。ただし、ローカルなネットを外れ、外出先から画像を見るとなると、プログラミングの複雑さ以上にセキュリティの問題が起こります。ここはクラウド上のサービスを利用した方が無難です。

そこでスマートトイレのときと同じく LINE Notify を利用したいと思います。スマートネコトイレのときは、IFTTT を利用しましたが（詳細は P93 ～ P95）、ここではトークンを使いました。

LINE Notify のトークンを取得する方法は P122 に出ています。

トークンを取得したら下記 GitHUB ページ〈https://github.com/RutlesCat/Rutles_Cat_Monitor〉にアクセス。

右上の「Code」→「Download Zip」でダウンロードしたら、解凍してフォルダ内の「Rutles_Cat_Smart_Toilet.ino」をダブルクリックします。Arduino IDE が起ち上がり、スケッチ（プログラム）が画面に出ます。

＊格納するフォルダについてのアラートが出るようなら「OK」を押して先に進んでください。

プログラムを修正

ここでプログラム中の「ssid」（❶）と「password」（❷）を自宅の Wi-Fi ルータ（2.4GHz 用）の情報に変更し、さらに「Line トークン」（❸）のところに取得した URL を入れます。

これでプログラムは完成です。

外出先で画像をチェック

このプログラミングでは60分ごとにメッセージと写真が LINE Notify に送られるよう設定してあ

ります。

送られてきた写真の載った LINE Notify の画面は下の通りです。外出先でこれが見られるとホッとするとともに楽しいですね。

このシステムだと、自分のタイミングで画像を見たりできません。また、LINE Notify で見られるのは写真のみで、映像は見られません。残念ですが、モニタリング機能としては十分役に立つと思います。

興味のある方は、ぜひやってみてください。

▲ 自宅 Wi-Fi ルータの情報、トークンを自分で設定。

▲ GitHub からプログラムをダウンロード。

LINE Notify の通知画面。

```
1    //#include "battery.h"
2    #include "esp_camera.h"
3    #include <WiFi.h>
4    #include "soc/soc.h"
5    #include "soc/rtc_cntl_reg.h"
6    #include <WiFiClientSecure.h>
7
8    // ################# Line,Wi-Fi設定(理
9    String lineToken     = "*********
10
11   const char *ssid      = "*********";
12   const char *password  = "*********";
13   // #################################
14   const char* lineServer = "notify-api.lin
15
16   // ピン配置
17   const byte LED_PIN    = 2;  // LED緑
18
19   // CAMERA_MODEL_M5_UNIT_CAM
20   #define PWDN_GPIO_NUM    -1
21   #define RESET_GPIO_NUM   15
22   #define XCLK_GPIO_NUM    27
23   #define SIOD_GPIO_NUM    25
24   #define SIOC_GPIO_NUM    23
25
26   #define Y9_GPIO_NUM      19
27   #define Y8_GPIO_NUM      36
28   #define Y7_GPIO_NUM      18
29   #define Y6_GPIO_NUM      39
30   #define Y5_GPIO_NUM       5
31   #define Y4_GPIO_NUM      34
32   #define Y3_GPIO_NUM      35
33   #define Y2_GPIO_NUM      32
34   #define VSYNC_GPIO_NUM   22
35   #define HREF_GPIO_NUM    26
36   #define PCLK_GPIO_NUM    21
37
38   WiFiClientSecure httpsClient;
39   bool ledFlag      = true;  // LED制御フ
40   camera_fb_t * fb;
41
42   void setup() {
43     Serial.begin(115200);
44     //WRITE_PERI_REG(RTC_CNTL_BROWN_OUT_RE
45     //bat_init();
46     //bat_hold_output();
47     Serial.setDebugOutput(true);
48     Serial.println();
49     pinMode(2, OUTPUT);
50     digitalWrite(2, HIGH);
51
52     camera_config_t config;
53     config.ledc_channel = LEDC_CHANNEL_0;
54     config.ledc_timer = LEDC_TIMER_0;
55     config.pin_d0 = Y2_GPIO_NUM;
56     config.pin_d1 = Y3_GPIO_NUM;
57     config.pin_d2 = Y4_GPIO_NUM;
58     config.pin_d3 = Y5_GPIO_NUM;
59     config.pin_d4 = Y6_GPIO_NUM;
60     config.pin_d5 = Y7_GPIO_NUM;
61     config.pin_d6 = Y8_GPIO_NUM;
62     config.pin_d7 = Y9_GPIO_NUM;
63     config.pin_xclk = XCLK_GPIO_NUM;
64     config.pin_pclk = PCLK_GPIO_NUM;
65     config.pin_vsync = VSYNC_GPIO_NUM;
66     config.pin_href = HREF_GPIO_NUM;
67     config.pin_sscb_sda = SIOD_GPIO_NUM;
68     config.pin_sscb_scl = SIOC_GPIO_NUM;
69     config.pin_pwdn = PWDN_GPIO_NUM;
70     config.pin_reset = RESET_GPIO_NUM;
71     config.xclk_freq_hz = 20000000;
72     config.pixel_format = PIXFORMAT_JPEG;
73     // 画像サイズ設定:QVGA(320x240),CIF(400x2
74     config.frame_size = FRAMESIZE_HVGA;
75     config.jpeg_quality = 10;

76     config.fb_count = 2;
77
78     // camera init
79     esp_err_t err = esp_camera_init(&confi
80     if (err != ESP_OK) {
81       Serial.printf("Camera init failed wi
82       esp_sleep_enable_timer_wakeup(10 * 1
83       esp_deep_sleep_start();
84       return;
85     }
86     sensor_t *s = esp_camera_sensor_get();
87     s->set_vflip(s, 1);
88
89     //*sensor_t *s = esp_camera_sensor_get
90     // initial sensors are flipped vertica
91     s->set_vflip(s, 1);       // flip it b
92     s->set_brightness(s, 1);  // up the bl
93     s->set_saturation(s, -2); // lower the
94
95     // ###### PIN設定開始 ######
96     pinMode ( LED_PIN, OUTPUT );
97
98     // ###### 無線Wi-Fi接続 ######
99     WiFi.begin ( ssid, password );
100    while ( WiFi.status() != WL_CONNECTED )
101      // 接続中はLEDを1秒毎に点滅する
102      ledFlag = !ledFlag;
103      digitalWrite(LED_PIN, ledFlag);
104      delay ( 1000 );
105      Serial.print ( "." );
106    }
107    // Wi-Fi接続完了(IPアドレス表示)
108    Serial.print ( "Wi-Fi Connected! IP ad
109    Serial.println ( WiFi.localIP() );
110    Serial.println ( );
111    // Wi-Fi接続時はLED点灯(Wi-Fi接続状態)
112    digitalWrite ( LED_PIN, true );
113
114    // ###### 画像取得 ######
115    Serial.println("Start get JPG");
116    getCameraJPEG();
117    // ###### LineへPost ######
118    Serial.println("Start Post Line");
119    postLine();
120    esp_camera_fb_return(fb);
121
122    Serial.println("Line Completed!!!");
123
124    esp_sleep_enable_timer_wakeup(36000000
125    esp_deep_sleep_start();
126
127  }
128
129  void loop() {
130    delay(100);
131  }
132
133  // 画像をPOST処理(送信)
134  void postLine() {
135
136    // ###### HTTPS証明書設定 ######
137    // Serverの証明書チェックをしない(1.0.5以降で
138    httpsClient.setInsecure();//skip verif
139    //httpsClient.setCACert(rootCA);// 事前
140
141    Serial.println("Connect to " + String(
142    if (httpsClient.connect(lineServer, 44
143      Serial.println("Connection successfu
144
145      String messageData = "--foo_bar_baz\
146                           "Content-Disposi
147                           "ESP32CAM投稿\r\n";
148      String startBoundry = "--foo_bar_baz
149                           "Content-Dispo
150      String endBoundry   = "\r\n--foo_bar
```

```
151
152      unsigned long contentsLength = messa
153      String header = "POST /api/notify HTT
154                      "HOST: " + String(li
155                      "Connection: close\r
156                      "content-type: multi
157                      "content-length: " +
158                      "authorization: Bear
159
160      Serial.println("Send JPEG DATA by AP
161      httpsClient.print(header);
162      httpsClient.print(messageData);
163      httpsClient.print(startBoundry);
164      // JPEGデータを1000bytesに区切ってPOST
165      unsigned long dataLength = fb->len;
166      uint8_t* bufAddr = fb->buf;
167      for(unsigned long i = 0; i < dataLeng
168        if ( (i + 1000) < dataLength ) {
169          httpsClient.write(( bufAddr + i
170        } else if (dataLength%1000 != 0) {
171          httpsClient.write(( bufAddr + i
172        }
173      }
174      httpsClient.print(endBoundry);
175
176      Serial.println("Waiting for response
177      while (httpsClient.connected()) {
178        String line = httpsClient.readStri
179        if (line == "\r") {
180          Serial.println("headers received
181          break;
182        }
183      }
184      while (httpsClient.available()) {
185        char c = httpsClient.read();
186        Serial.write(c);
187      }
188    } else {
189      Serial.println("Connected to " + Str
190    }
191    httpsClient.stop();
192    Serial.println();
193    Serial.println("Finish httpsClient");
194  }
195
196  // OV3660でJPEG画像取得
197  void getCameraJPEG(){
198    fb = esp_camera_fb_get(); //JPEG取得
199    if (!fb) {
200      Serial.printf("Camera capture failed
201    }
202    // 撮影終了時処理
203    Serial.printf("JPG: %uB ", (uint32_t)(f
204    Serial.println();
205
206  }
207
```

送られてきた画像
（Timer Camera F で撮影）。

注意：掲載したプログラムは執筆時のものです。プログラムは更新されることもあるのでご注意ください。

市販の自動給餌器を改造して、マイコンボードで
自宅のネコちゃん用にカスタマイズした
メイカーさんのノウハウを紹介します。

ネコいきいき　ヘルスグッズ編 4　　　　　（参考作品）

自動給餌器を改造して
愛猫用に完全カスタマイズ

難易度：🐾🐾🐾🐾🐾

市販品をマイコンボードでカスタマイズ

今回のアイテム

ネコ飼いあるあるのひとつに「旅行に行けない」というのがあります。旅行中、自宅でお留守番のネコたちの餌や水、トイレなどを考えると躊躇してしまう人は少なくないでしょう。ネコシッターやペットホテルという手もありますが、「赤の他人に愛猫を任せるのは不安…」と二の足を踏んでしまう人もいると思います。

そんなときに市販の自動給餌器や自動給水器はたいへん便利です。

しかし、「万が一、うまく作動しなかったら、どうしよう…」と一抹の不安は隠せません。

旅行ならあきらめればいいだけですが、仕事で出張など、やむ得ない用事で家を空けなければならないときは、そういった装置に頼るしかありません。

メイカーにしてプロのエンジニアでもある山崎雅夫さんは、長年ネコを飼っています。あるとき2～3日家を空けることになり、思い切って某自動給餌器を購入。ところがこれが使い勝手が悪いもの

でした。悩んだ挙句、自分で製品を分解し、構造を解明してカスタマイズすることを決意。使いやすい機器に変身させました。

技術が必要なことなので、ビギナーの方には簡単ではありませんが、山崎さんが取り組んだ改造には、ネコ飼いメイカーの工作のヒントになるような内容がつまっています。インタビューを交え、電子ニャン工作のひとつとして紹介したいと思います。

山崎さんが改造した市販の自動給餌器。

6つのトレイで6回分給餌できる。

ネコちゃんプロフィール

グーグーちゃん

5歳（執筆時）の男の子。種類はアメリカンショートヘアー。甘ったれで人が大好き。趣味はオーナーの山崎さんのリモートワークの邪魔。

改造した人プロフィール

山崎雅夫さん

某企業で半導体設計を手がけるエンジニア。趣味で電子工作を楽しむメイカーでもある。電子工作に役立ついろいろな情報も発信している。ネコ飼い歴はすでに20年近くにおよぶ。愛猫のグーグーちゃんは山崎家ではすでに3代目。名前は漫画「グーグーだってネコである」からとった。

煩雑な設定にイライラ

山崎さんが入手した商品は、最大6食分を設定した時間に自動で給餌してくれるものでした。給餌の際には「○○ちゃん、ごはんですよ」といったあらかじめ録音しておいたオーナーさんの声を流すことができます。餌を入れるトレイは水平に6つ配置され、時間によって回転し、開口部に移動する仕組みになっていました。

実際に使ってみて、動作には特に問題はありませんでした。時間で給餌してくれる便利な商品ですが、山崎さんにとっては課題だなと思うところが別にありました。

山崎：決して悪い商品ではないのですが、ともかく設定が複雑すぎました。実際に使うまでには6つのボタンを押しまくって現在時刻の設定から内蔵タイマーのセットまで15項目以上の手順を踏まなくてはなりません。それもメモリ機能がないので電源スイッチを入れるたびに最初からやらなくてはならず、イライラがつのります。付属の取説もわかりやすいとはいいがたく、しかたがないので自分と家族用に操作マニュアルを作ったのですが、それでも覚えきれませんでした。
また、実際にトレイが移動したかどうかも帰宅してから確かめるしかないので、そこも不安でした。

カスタマイズのポイント

山崎さんは課題を整理し、どうすればカスタマイズできるかを考えてみました。

課題①：毎回毎回、現在時刻を設定をするのは効率が悪い
　→解決方法：正確な時刻データを自宅のWi-Fiからネットワーク経由で自動で取得すれば手間が省けそう。
課題②：手動による給餌の設定が複雑すぎる
　→解決方法：自宅では餌の時間は決まっている。課題①の解決を前提に、定刻に餌のトレイを回転させるだけでいいはず。手間をかけて一から設定し直す必要はなさそう。
課題③：ちゃんと作動したかどうかが外出先ではわからない。帰宅後にチェックする必要がある。
　→解決方法：課題②の解決を前提に、定刻に作動したらスマホに通知してくれると便利。

山崎：3つの課題はいずれもマイコンボードでプログラミングすれば解決できそうです。そこで家にあったM5Stackシリーズの ATOM Matrixを使うことにしました。使い慣れていますし、今回の目的であればこれで十分という判断です。

M5Stack シリーズの
ATOM Matrix

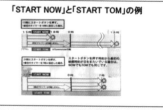

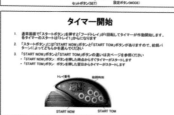

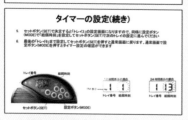

▲山崎さんが自分と家族用に作った簡易マニュアル。これでも結構、複雑。

2つのセンサーでトレイ位置を検出

分解開始

　山崎さんは装置を分解し、メカや部品を特定していく作業を得意としています。100円ショップのガジェットを分解してその中身を解説した「『100円ショップ』のガジェットを分解してみる！」（工学社刊行）という本まで出しています。

　筐体を外し、どんな部品が使われているか、どんなメカになっているか、調べてみました。

山崎：底面のゴム足をはがし、下のビスを外しました。ビスは9本とがんじょうなつくりです。筐体を外すと、各部品が見えました。ざっと見たところ、それほど複雑なメカではありません。
駆動系は一般的なDCモーター（直

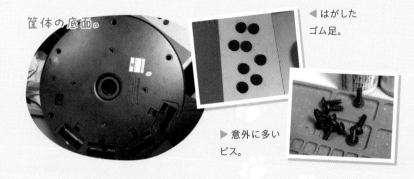

筐体の底面。

◀ はがした
ゴム足。

▶ 意外に多い
ビス。

流で動くモーター）がひとつです。ギアで減速して真ん中のトレイの台を回転させるようになっていました。
台座にはピン1本と、トレイの数と同じ6個のスリットが空いています。台座の周りには<u>トレイスイッチ</u>（部品としてはリーフスイッチ）とフォトインタラプタ（光センサーの一種）がついています。いずれもトレイ位置を検出するた

めのものです。

動きとしては
①台座が回転してピンがトレイスイッチを押す
→ピンに当たると中のリーフスイッチの接点が接触して、スタートのトレイ位置がわかります。
②フォトインタラプタがスリットを検知
→スリット部分は光が通過するの

トレイスイッチとフォトインタラプタ

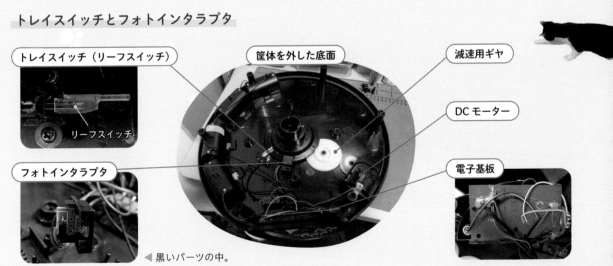

トレイスイッチ（リーフスイッチ）

リーフスイッチ

フォトインタラプタ

◀ 黒いパーツの中。

筐体を外した底面

減速用ギヤ

DCモーター

電子基板

で、フォトインタラプタが変化を検知。最初のトレイの位置で回転が止まります。

ピンとそれに連動するトレイスイッチ、スリットとそれに連動するフォトインタラプタの2つのセンサーの組み合わせで、所定の時間に、所定の位置のトレイが移動するようになっていました。

トレイの移動時にモーターの両端の電圧を測定してみました。電源は単2乾電池4本の6Vですが、測定の数値もほぼそのままです。回転スピードなどの制御は特になく、ギヤなど物理的なメカだけであることが確認できました。

電子基板の配置

制御のための電子基板は2枚です。それぞれをチェックしてみました。

山崎：制御基板と液晶表示基板にはそれぞれベアチップ（制御に使うパッケージ化されていない裸〈ベア〉の半導体チップ）が樹脂モールド（樹脂でチップごと固めること）の上、実装されています。これがコントローラーになっています。

制御基板ほぼすべてがディスクリート部品（ひとつの半導体素子で構成するチップなどの部品）で

トレイ検出のメカ

❶ピンがトレイスイッチを押すとスイッチが入って、基準となるトレイの位置がわかる。

❷スリットがフォトインタラプタの下を通ると光が通過して各トレイの位置が検出できる。

▲モーターの両端には直接、電源の6Vがかかっていた。

コントロールのための電子基板

▲液晶表示基板は、フレキシブルコードで制御基板に接続されている。

▲制御基板をひっくり返すと、液晶表示基板の液晶部分が見える。

構成されているため、それぞれの接続をチェックして回路図を作成しないと詳細がわからない感じでした。

回路図を起こして動きを確認

山崎さんが起こした回路図は、下の通りです。

山崎：制御基板側のコントローラーが音声の録音再生を行い、液晶表示基板上のコントローラーがモーターやセンサーの制御をしていました。つまり、液晶表示基板上のコントローラーをATOM Matrixに置き換えてプログラミングすれば、改造は可能ということです。

改造して希望の機能を組みこんでやれば、完全カスタマイズができ

きます。目処がたったところで、どんなコントロールをしたらいいか、チェックしていきます。

回路図

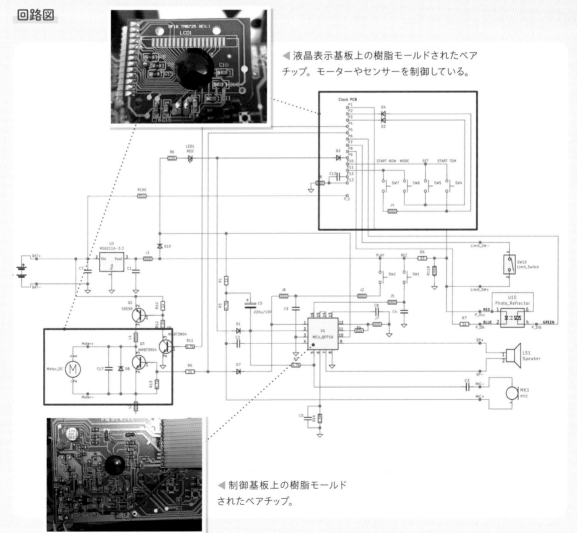

◀ 液晶表示基板上の樹脂モールドされたベアチップ。モーターやセンサーを制御している。

◀ 制御基板上の樹脂モールドされたベアチップ。

信号をチェックしてプログラムを修正

ATOM Matrix に接続

回路図を起こした山崎さんは、モーターとセンサーの動作などに関係する信号を ATOM Matrix のピンコネクタに割り当てジャンパワイヤー（リード線）でつなぎました。配線図は下の通りです。

モーターの動作に関係する「Motor_On」の信号は ATOM Matrix の G22 ピンに、「Motor_Stop」の信号は G19 ピンに入力します。

2つのセンサーのうちトレイスイッチに関する「SW_IN」の信号は ATOM Matrix の G33 ピンに、フォトインタラプタに関する「PR_IN」の信号は G23 ピンに入力します。

オシロスコープの波形からわかること

プログラミングして ATOM Matrix からモーターを動かし、オシロスコープで信号をチェックしました。

山崎：信号を調べたらいくつかわかったことがありました。

まず、モーターを動かしたときの Motor_ON の信号と Motor 両端の信号の波形を比べてみました。モーターの動作開始のタイミングではほぼ同じ波形で問題ありませんでしたが、モーターが停止するタイミングではズレが生じることがわかりました。プログラム側で

制御する必要があります。

次にセンサーの動きをチェックしました。

センサー部分は、トレイスイッチとフォトインタラプタの2つがあります。波形を見ると、どちらもプルダウン抵抗（スイッチが OFF になったときに回路を安定させるための抵抗）を入れないと、スイッチの入出力信号としては不安定です。プログラム側でプルダウン設定する必要があるということがわかりました。

制御基板から伸びたリード線をジャンパワイヤーに結線して ATOM Matrix に接続。

配線図

▼ 各信号を ATOM Matrix のピンコネクタと接続したときの回路図。

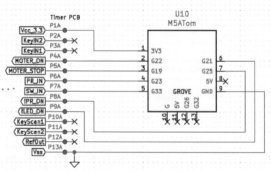

モーターを動かしたときの波形

モーターの動作開始のタイミング

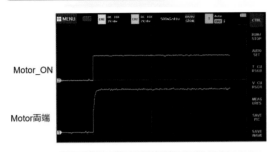

▲ Motor_On（青）と Motor 両端（黄）の信号はほとんどシンクロしている。

モーターの停止のタイミング

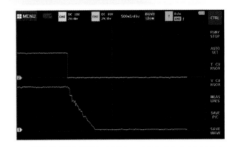

▲ Motor_On の信号がダウンするタイミングと Motor 両端の信号がダウンするタイミングはずれている。

フォトインタラプタの波形

プルダウン抵抗なし

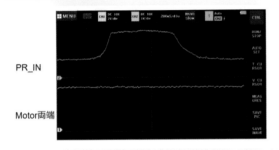

▲ フォトインタラプタに関する信号 PR_IN（青）の波形は緩やかでスイッチの用をなさない。

プルダウン抵抗あり

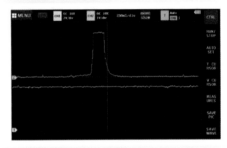

▲ プルダウン抵抗を入れると、PR_IN の波形は急角度で起ち上がり、鋭く落ちる。スイッチのオン・オフとして使える。

トレイスイッチの波形

プルダウン抵抗あり

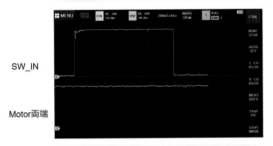

▲ プルダウン抵抗があるとトレイスイッチに関する信号 SW_IN（青）の波形は急角度になり、スイッチとして機能する。

121

カスタマイズでより使いやすく

プログラムの修正

信号波形のチェックからわかったことを反映させて、さらなるカスタマイズも加え、プログラムを修正しました。次のGitHubページで見られます。< https://github.com/RutlesCat/Rutles_Cat_FoodFeeder >

山崎：ATOM Matrixで、前述した3つの改良方針にそってプログラ

ミングしました。
1つめは時刻設定です。自宅のWi-Fiからネットワーク経由で自動で取得しました。
2つめは動作時刻です。定時に動作するように設定しました。
3つめは、動作したことをスマホに通知するための設定です。LINE Notifyを使いました。

LINE NotifyについてはIFTTTを使った導入の方法をP93～P95に

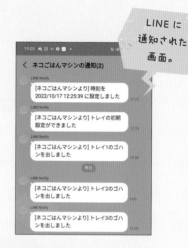

LINEに通知された画面。

LINE Notify でトークンを取得する方法

❶LINE Notifyにアクセスして、右上のログイン画面から自分のアカウントでログイン。次の画面の右上の「自分の名前」から「マイページ」を開く。

❷画面からアクセストークンの発行（開発者向け）の「トークンを発行する」をクリック。

❸通知の際のトークン名、通知を送信する際のグループ名（あらかじめつくっておく）を記入して「発行する」をクリック。

❹発行されたトークンをコピーする。コピーしたトークンはプログラムの該当箇所に貼って使う。

も紹介していますが、ここでは122ページのようにLINE Notifyで発行されるトークンを使ってプログラミングしています。

ATOM Matrixの設置

最終的なプログラムも決まったので、ATOM Matrixを自動給餌器に設置します。液晶画面でトレイの番号などがみられるよう、筐体の外側に取り付けました。

山崎：回路図にそってATOM Matrixと接続するため、ピンヘッダ基板にリード線をハンダ付けしました。液晶表示側のコントローラーから出ている各リード線とはピンソケットで中継しています（ピンソケットを外せば、外装も簡単に外せます）。

位置合わせをして、本体に穴を開けます。内側からピンを外側に出し、内側にホットボンドで固定します。

外側に出たピンにATOM Matrix本体を指して固定します。

全体を見るとさりげない感じで、デザイン的にあまり気になりません。軽量小型のマイコンボード、ATOM Matrixのいいところです。

山崎：動作を確認すると、定時にうまくトレイが回転し、外出先へもスマホに通知してくれました。改造後は安定して動作していて、家を空けていても確実にグーグーが餌を食べられる状態になってい

ることがわかり、外出先で安心しています。LINEのグループ機能を使うと家族で情報が共有できるので、それも便利です。

今は給電はUSBからなので、今後、残量チェッカー機能付きですべてを乾電池式に変えるつもりです。カメラをつけて写真付きで通知がくるようにもしたいですね。重量測定して実際に食べた餌の量などもわかるとさらにいいかなと思っています。

山崎さんの改造は今後も続いていきそうです。

ATOM Matrix とピンヘッダ基板の取り付け

▲ ATOM Matrix とピンヘッダ基板をつける位置を決める。

▲ ピンヘッダ基板にリード線をハンダ付け。

▲ リード線を、装置のリード線とピンソケットでつなぐ。

▲ 内側からホットボンドで固定。

▲ 外側の状態。ピンが出ている。

▲ ATOM Matrix をピンに差せば完成。

① ハードウエア編

表

タッチロゴがある方が**表**です。

タッチロゴ
タッチセンサーとして機能します。

マイクに通じる穴です。マイク機能を使うと
右にマイク LED が表示されます。

ボタン A
スイッチとして使用します。

**LED ディスプレイ
&光センサー**

小さい部品のひとつひとつが
LED です。縦5列、横5列の計
25 個あります。光センサーと
しても機能し、どのくらい光が
当たっているか測定できます。

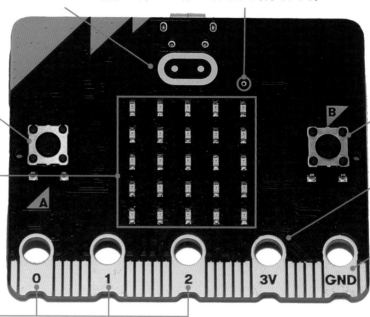

端子
ワニロクリップなどでセンサーや他の電子機器など
を追加してつけたい場合に使います。

● **ほかに必要なもの**

・ネットにつながるパソコン、ノートブック、
　タブレット等（Windows、Mac、Chromebook）
・USB ケーブル（A-microB タイプ）

● **あると便利なもの**

・電池ボックス
・専用ケース
・ワニロクリップ

専用ケース

電池ボックス　　ワニロクリップ

無線と Bluetooth
無線で他の micro:bit と通信で
きます。また Bluetooth で他
のデバイスと通信できます。

**プロセッサー
&温度センサー**
プロセッサーであると同時に温
度センサーの機能もあります。

コンパス

加速度センサー
前後、左右、上下、傾きなど
が検出できます。

2012年にイギリスで生まれた micro:bit は小・中学生のコンピュータ教育用としてリリースされたマイコンボードです。イギリスでは 2016 年にすべての 7 年生（日本の中学1年生に相当）100 万人に無償で配布され、以降定番の教材となりました。今では日本を含む世界50カ国以上で使われています。

安価で小型でありながら基板上には CPU のほかに入出力端子、USB ソケット、バッテリーソケット、他に LED（光センサーとしても使用）、ボタン、加速度センサー、コンパス、温度センサー、無線と Bluetooth、マイク、スピーカーなどが載っています。

注意：ここでは micro:bit v2.00 について説明しています。

ボタン B
スイッチとして使用します。

3V 電源
3V の電源がとれます。

GND（グラウンド）
電源の－（マイナス）です。

●使い方

❶ パソコン等コンピュータと micro:bit を USB ケーブルでつなぎます。

❷ 確認用・説明用のディスプレイが micro:bit の LED 画面に流れますが、気にする必要はありません。

❸ パソコン側で、micro:bit がハードウエアとして認識されているか確認します。（他のハードウエアが見えているフォルダに「MICROBIT」という名前の新しいフォルダが見えていれば問題ありません。見え方は OS などによって異なります。）

裏

マイク
サウンドレベルもモニターできます。

スピーカー
プログラムに音楽やサウンドを追加できます。

バッテリーソケット
電池ボックスなどをつなぐときに使います。

リセットと電源ボタン
押すとプログラムがリセットされます。

マイクロ USB ソケット
プログラムをパソコンなどからダウンロードするときに USB コードを差します。

② プログラミングソフト ”MakeCode” とは…

micro:bit のプログラミングには Make Code というアプリを使います。ブラウザ（可能であれば、Google Chrome または Microsoft Edge を使ってください）から、下のアドレスにアクセスします。出てきたウィンドウの「新しいプロジェクト」をクリックし、次に出てきた「プロジェクトを作成する」ウィンドウでプロジェクトに名前をつけて「作成」をクリックすると MakeCode のプログラミング画面が起ち上ります。

● Make Code アクセス先〈https://makecode.microbit.org〉

新たに作品をつくったり、すでにある作品を呼び出すときにここをクリックします。(micro:bit では一つのプログラムをつくり、シミュレーターで確かめ、書きこむまでの一連の作業を「プロジェクト」と呼びます)

ツールボックス
プログラミングで使うブロックが入っている場所です。機能に応じたブロックを選択して使うことができます。

シミュレーター
つくったプログラム通りに micro:bit が動作するか確認できます。

停止
シミュレーターを停止します。

再起動
シミュレーターを再起動します。再起動ごとにふちの色などが変わります。

スロー
シミュレーターの動作を遅くすることができます。

サウンド
シミュレーターの音を出したり消したりできます。

フルスクリーン
シミュレーターをフルスクリーンで表示します。

つくったプログラムをパソコンにダウンロードしたり、micro:bit に書きこむときにここをクリックします。

プロジェクトに名前をつけます。

プログラムを保存します。保存すると HEX ファイル（拡張子 .hex で終わるファイル）ができます。

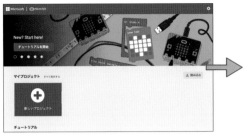

▲ アクセス後、最初の画面。

▲ 名前をつけて「作成」をクリック。

プログラミングを JavaScript のテキストコードで表示することもできます。

プログラムがブロックで表示されます。（最初は「最初だけ」「ずっと」のブロックが見えています。不要なら削除してください。）

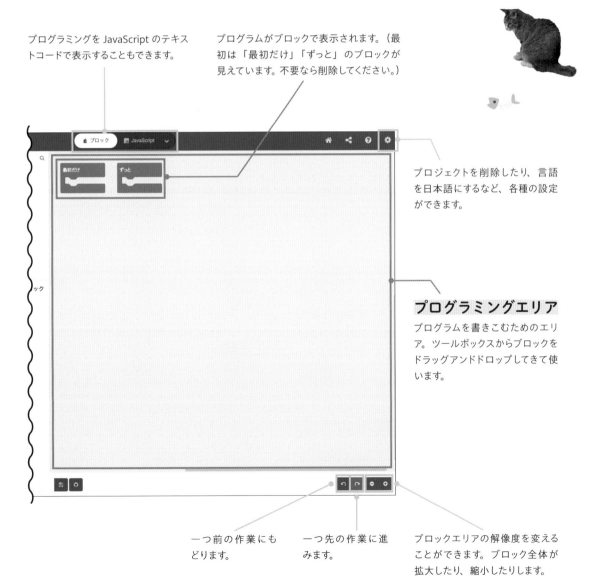

プロジェクトを削除したり、言語を日本語にするなど、各種の設定ができます。

プログラミングエリア

プログラムを書きこむためのエリア。ツールボックスからブロックをドラッグアンドドロップしてきて使います。

一つ前の作業にもどります。

一つ先の作業に進みます。

ブロックエリアの解像度を変えることができます。ブロック全体が拡大したり、縮小したりします。

127

③ "Make Code" の基本

1. プログラムを micro:bit へダウンロードする方法

ダウンロードの方法として、micro:bit とペアリングして、その後、Make Code の画面から直接ダウンロードする方法と、いったん .hex ファイルをパソコンにダウンロードして、それを micro:bit に送りこむ、2 つの方法があります。(ペアリングが便利ですが、ブラウザによってはできない場合もあります。)

❶ ペアリングしてダウンロード

❶ MakeCode の左画面下「ダウンロード」横のバーをクリックし、出てきたサブメニューから「Connect device」を選択。

❷ micro:bit を USB コードでパソコンにつなぎます。「次へ」をクリックしたら下のようなウィンドウが出るので、さらに「次へ」をクリック。

❸ ウィンドウが出てきたら、"BBC micro:bit CMSIS- DAP" にポインターを当ててクリック。反転したら、右下の接続をクリックして終了。

一度ペアリングができれば、以後は「ダウンロード」をクリックするだけで、micro:bit にプログラムが書きこまれます。

❷ パソコンを経由してダウンロード

❶ ダウンロードをクリック。ウィンドウが開いたら「完了」をクリック ("Don't show the again." をクリックしオンすれば、以後このウインドウは現れず、すぐにパソコンへダウンロードできるようになります)。

❷ パソコンの中にプログラムファイル(「.hex」)がダウンロードされるので、micro:bit へコピーします (パソコンの OS によってファイルの格納先は異なります)。

2. プログラムの保存と削除の方法

プロジェクト作業中につくったプログラムは自動で保存され、更新されていきます。プロジェクトを削除するには右上の歯車マークをクリックして、出てきたサブメニューの「プロジェクトを削除する」を選びます。

保存と読み込み

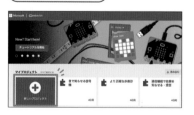

削除

3. 基本となる三つのブロック

ブロックの中でもっとも重要でよく使う三つのブロックについて説明します。

「最初だけ」ブロック

初期値などプログラムの起動時に実行する内容を組みこむためのブロックです。

「ずっと」ブロック

組みこまれた内容を無限ループでずっとくりかえすためのブロックです。バックグラウンドではたらきます。

「一時停止」ブロック

「次の命令へ移るのを一時停止する」という意味です。直前のブロックの命令が指定した時間の間、続きます。

4. よく使うブロックテクニック

MakeCodeでプログラミングするときによく使う、ブロックのテクニックを紹介します。

❶ ブロックの削除

不要なブロックはツールボックスまでドラッグします。ゴミ箱マークが出るのでドロップすると削除できます。

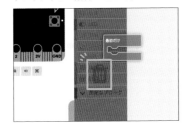

❷ ブロックの検索

使いたいブロックが見つからないときは、ツールボックス上部の「検索」で探すか、各ブロックグループの「その他」を見てみます。また「高度なブロック」にもいろいろなブロックがあるのでチェックしてみましょう。

5. 拡張機能を使う

MakeCodeにはさまざまな拡張機能があります。これらの機能を使うには、特別なブロックを読みこむ必要があります。方法は以下の通りです。

❶ ツールボックスの「高度なブロック」
→「⊕拡張機能」とクリックします。

❷ 拡張機能の画面が出るので、使いたい拡張機能をクリックします。

❸ ツールボックスに機能を使うための特別なブロックが追加されます。

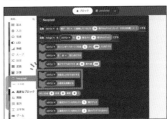

M5Stack でのプログラミング

① Arduino IDE とは…

本誌ではM5Stackでのプログラミングに Arduino IDE を使っています。プログラムを書く（エディタ）、書いたプログラムを変換してM5Stackに送りこむ（コンパイラ、アップローダー）、ライブラリを管理する（ライブラリマネージャー）、マイコンボードの情報を管理する（ボードマネージャー）など、様々な機能があるアプリです。ビギナー向けに基本的な使い方を紹介します。

まずは下記公式サイトにアクセスし、自分のパソコンに合ったバージョンをインストールしてください。

Ⅰ. 基本的な設定

1. Arduino IDE をインストール

まずは下記公式サイト（英語）にアクセスし、自分のパソコンに合ったバージョンの Arduino IDE をインストールしてください。最新版（2023年6月末時点）は「Arduino IDE2.1.0」ですが、インストールの条件が合わない場合は「Arduino IDE1.8.19」をインストールしてください（同じHPの下の方にあります）。

● Arduino 公式サイトダウンロードページアクセス先 〈https://www.arduino.cc/en/software〉

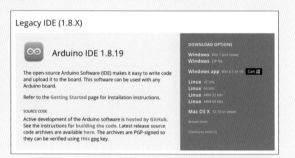

2. 画面を開き、環境を設定する

アプリを起動すると次のような画面が開きます。「**ファイル**」→「**基本設定**」（Windows の場合）または「**Arduino IDE**」→「**基本設定**」（Mac OS の場合）とアクセスし、環境設定画面を開きます。

「**追加のボードマネージャーのURL**」に「https://dl.espressif.com/dl/package_esp32_index.json」（M5Stackで使われているボード）を入力し、「**OK**」をクリックしてください。

*情報はすべて2023年6月末現在のものです。画面表示等異なる場合もありえます。ご了承ください。

3．ボードの設定

再びIDEの画面を開き、「ツール」→「ボード」→「esp32」とアクセスすると、ウインドウの下の方にM5Stack関連のボードが表示されるので、必要なM5Stackの選択します。

4．ポートの設定

M5Stackシリーズの製品（ATOM LiteやTimer Cameraなど）をパソコンのUSBポートにつなぎます。「ツール」→「ポート」（または「シリアルポート」）と開き、M5Stack製品が接続されたポート（「COM ×」や「/dev/cu.usbserial-××××××××××（8または10桁の英数字）」と表示されたポート）を選択します。「Upload Speed」も確認しておきます。最高値の1500000になっていればOKです。ポートに正しく接続されていれば、IDE画面上のツールバーの製品名の表示が太字になります。

基本的な設定は以上です。M5Stackの製品を変えたときは、毎回ボードとポートの設定は必ずやってください。

ꞏ II．ライブラリのインストール

センサーなど、外部のデバイスを使う場合、ライブラリをインストール必要があります。インストールの手順は以下の通りです。

IDE画面から「ツール」→「ライブラリを管理」をクリックすると、左側にサイドメニューが出ます。一番上の「ライブラリマネージャー」の項目の下に「検索フィルタ」ウインドウが出ているので、必要なライブラリを検索します。検索されたライブラリが出てくるので、「インストール」をクリックします。

※サイドメニューからはライブラリだけでなくボードやスケッチブックの中のスケッチなども選べます。

＊なるべく最新のバージョンを入れるのが無難ですが、デバイスによってはインストールできない場合もあります。その場合はバージョンを落としてインストールします。

② プログラミングから書き込みまで

IDEの画面は下記のような構成に
なっています。これを前提にプログラ
ミングからM5Stackへの書き込みまで
の手順を説明します。

書き込み
検証の上、書かれたプログラムを
M5Stack に送り込みます。

検証
書かれたプログラム（スケッチ）が
正しいかどうか検証します。

スケッチブック
保存したプログラムを呼び出せます。

ボードマネージャー
各ボードのドライバーソフトを指定し
てインストールできます。

ライブラリマネージャー
各ライブラリを指定してインストール
できます。

ボード
設定されているボード名を表
示します。正しいポートが設定
されている場合は太字になり
ます。

エディタスペース
プログラムを書くところです。

メッセージスペース
作業内容とその結果、エラー
など IDE 側からのメッセージを
表示します。

1. プログラミングする

プログラム（Arduino IDE ではプログラムのことを「スケッチ」
とも呼びます）はエディタ領域に表示されます。
プログラミングには以下の4つの方法があります。
①自分でエディタ領域にテキストで書く
②誰かが作ったプログラムを単純にコピペする
③**GitHub** などネット上にある**ArduinoIDE** で作ったプログラム
　のファイル（末尾が「.ino」）を使う
④「スケッチ」から呼び出す

③の場合、ファイルをダブルクリックすれば Arduino IDE が起
ち上り、エディタ領域に表示されます。

④の場合「ファイル」→「スケッチブック（自分で作ったファ
イルが呼び出せます）」または「スケッチ例（誰かが作ったサンプ
ルファイルなどが格納されています）」と開き、必要なファイル
を選択します。

▲GitHub からプログラムをダウンロード。ダブルク
リックで開くと Arduino IDE が起動。

2.検証（コンパイル）する

　「テキストファイルをM5Stackが実行できる形式に変換」することを「検証」または「コンパイル」と呼びます。検証をクリックすると、作業が始まり、結果がメッセージスペースに表示されます。問題がなければメッセージが白文字になり、通知をクリックすると「コンパイル完了」とメッセージが出ます。問題がある場合は、メッセージが表示され、エディタスペースでも問題のある行に赤い網がかかります。該当箇所を修正します。

◀問題なく検証が終われば、白文字でメッセージが出る。

◀検証で問題があるとエラーメッセージが出て、該当する行に赤い網がかかる。

3.書き込みする

　「書き込み」をクリックすると、検証したファイルが接続されたM5Stackに書き込まれます。問題なく書き込まれれば、メッセージは白文字のままで、通知をクリックすると「書き込み完了」とメッセージが出ます。検証で問題がなくとも、書き込みで問題が出る場合もあります。問題がある場合は、赤字のメッセージがスペースに表示され、エディタ領域上でも問題のある行に赤の網がかかります。問題があれば該当箇所を修正します。

※検証をクリックせず、直接「書き込み」をクリックしても書き込み前に必ず検証作業は行われます。

　検証や書き込み時のエラーを修正し、問題のないプログラムが書き込まれたとしても、センサーや装置が機能しない場合があります。プログラムとしての形式が合っていても、「命令そのものが間違っている」あるいは「自分用にカスタマイズしなくてはいけない箇所を変えていない」などの場合です。その場合はもう一度自分の目でプログラムをチェックしましょう。

◀コンパイル（検証）が問題なく終わると、書き込みが始まる。

◀「書き込み完了」のメッセージが出れば、プログラムが問題なく書き込まれたことになる。

4.保存する

「ファイル」→「名前を付けて保存」をクリックし、名前を付けて保存します。こうすると次に使うときはスケッチブックから呼び出せます。

③ Arduino IDE によるプログラミング、基本のキ

Arduino IDE は「C++」というプログラム言語を元にしています。どうしてもプログラムを修正しなければならない場合に必要な、最低知っておいたほうがいい「基本中の基本」を紹介します。右のプログラムを見てください。

```
1  /*
2    Blink
3
4    https://www.arduino.cc/en/Tutorial/BuiltInExamples/Blink
5  */
6
7  // the setup function runs once when you press reset or power the board
8  void setup() {
9    // initialize digital pin LED_BUILTIN as an output.
10   pinMode(LED_BUILTIN, OUTPUT);
11 }
12
13 // the loop function runs over and over again forever
14 void loop() {
15   digitalWrite(LED_BUILTIN, HIGH);   // turn the LED on (HIGH is the voltage level)
16   delay(1000);                       // wait for a second
17   digitalWrite(LED_BUILTIN, LOW);    // turn the LED off by making the voltage LOW
18   delay(1000);                       // wait for a second
19 }
20
```

① 行末の最後は必ず「;」(セミコロン) で終わる。

一行に書かれた命令文の最後は必ず「;」(セミコロン) で終わります。「;」が最後についていないとエラーとなります。日本語の「。」と同じだと考えてください。

② プログラミングの文字は必ず半角文字を使う。

半角文字が基本です。また大文字と小文字は別のものとして扱われます。全角文字を使うとエラーになります。特にスペース (空白) は半角と全角で見分けがつきにくいので要注意です。

③ コメントはプログラムの対象とならない

プログラミングの中にグレーで示された文字があります。コメントといってプログラミングのときのメモのようなものです。プログラムの内容を示している場合もあり、エラーメッセージが出たときに原因を探るヒントにもなります。プログラムの対象とはなりません。

「// から行末まで」または「/ * から * / まで」がコメントになります。コメントには全角文字も使えます。また、プログラムとして一時的に機能させたくない時などに「//」などの記号を使ってコメント化する場合もあります。

④ プログラムのもっとも基本的な構造は setup 関数と loop 関数

上のプログラムをみてください。まずM5Stackを使う場合は基本的に、最初に #include < M5Stack.h > でM5Stack.hというファイルをプログラムの最初に取り込む必要があります。

その後はsetup関数とloop関数 (関数は命令文の固まり) がプログラムの基本的な構造になります。

setup関数は「void setup(){」で始まる行から「}」まで

での処理を最初に一度だけ実行します (MakeCode の「最初だけ」ブロックに似ています)。

loop関数は「void loop(){」で始まる行から「}」までの処理を繰り返し実行します。

この2つがプログラムの中心になります。このことを念頭に置いてエラーメッセージをみると修正箇所の意味が理解しやすいかと思います。

ワクワクする電子工作を。

www.switch-science.com

SWITCHSCIENCE

micro:bit、M5Stack、Aruduino、Raspberry Piを買うならスイッチサイエンス。

 3000円以上 送料無料
 当日出荷 営業日14時まで
 ポストに投函 受取不要

※ 商品の大きさ、ご要望によって宅配便配送（8,000円以上で送料無料）

取扱商品

Arduino Raspberry Pi micro:bit M5Stack ESPr XBee MESH Jetson Grove Rapiro
Micro Controller 3DPrinter SBC Board Starter Kit Sensor Motor Speaker Power Adapter etc...

掲載しているメーカー名/製品名は、各社の商標または登録商標です。

正規代理店

 ARDUINO
 Raspberry Pi APPROVED RESELLER
 M5STACK
 sparkfun ELECTRONICS

スイッチサイエンスは、Arduino、Raspberry Pi、M5Stack、SparkFunの正規代理店として、オープンソース・ハードウェアを中心にウェブ上で販売しています。

株式会社スイッチサイエンス　　　〒162-0833 東京都新宿区箪笥町35 日米タイム24ビル 3F

資料編III　参考サイト ほか

WEB サイト

● micro:bit 教育財団公式サイト

https://microbit.org/ja/

micro:bit についてのことはこの HP を見ればおおよそわかります。MakeCode へのアクセスもこのページから可能です。ただし、今のところすべてのページが日本語になっているわけではなく、内容によっては一部英語のページもあります。

● M5Stack.com 社公式サイト

https://m5stack.com

M5Stack シリーズ製品を企画開発、製造販売している会社の公式サイト。製品についての情報が掲載されています。

● Arduino 公式サイト（Arduino IDE ダウンロードページ）

https://www.arduino.cc/en/software

Arduino は世界的に普及しているマイコンボードの一種。プログラミングのための統合開発環境 Arduino IDE は M5Stack シリーズ製品のプログラミングアプリとしても使えます。

関連オンラインショップ（電子部品等入手先）

● 株式会社 スイッチエデュケーション

https://switch-education.com

micro:bit 本体やモジュールなどを販売する会社です。ホームページには作例のほか、micro:bit についての豊富な情報が載っています。

● 株式会社 スイッチサイエンス

https://www.switch-science.com

Arduino や M5Stack をはじめ、様々なマイコンボードや電子部品を販売している WEB ショップ。この本で紹介している電子部品はほぼ入手できます。

協力

● 保護猫カフェ駒猫

https://koma-neko.com

保護猫たちが、店内でのびのび暮らしています。里親募集型の猫カフェです。

記事に登場したネコちゃんたち

*ページの中で紹介したネコちゃんを除きます。

ミーちゃん

15歳の男の子。ノルウェージャンフォレストキャット。人懐っこいがビビり。

ハッピーちゃん

13歳の男の子。スコティッシュホールド。ツンデレ系。いつも強気。

エリちゃん

男の子（年齢不詳）。人懐っこく、誰にでも寄っていく。

ドリーちゃん

2歳の女の子。気が強く、お利口。

音乃進くん

1歳の男の子。人懐っこく、甘えん坊。

「保護猫カフェ駒猫」のネコちゃんたち

グリくん

キジトラの男の子。グレくんと兄弟。

グレくん

キジトラの男の子。グリくんと兄弟。

そらまめちゃん

キジ白の女の子。

パンちゃん

キジ白長毛の女の子。

ジゲンくん

キジトラ長毛の男の子。

みっこちゃん

キジ白の女の子。

太陽くん

キジトラの男の子。

著者：**電子ニャン工作研究会**

編集：SHIGS

デザイン・DTP：村田沙奈

写真：SHIGS　田辺えり

撮影協力：保護猫カフェ駒猫

イラスト：イラスト工房 Sen

著者紹介 ● **電子ニャン工作研究会**

ネコと電子工作をこよなく愛するネコ飼いメイカー＆エディターたちのグループ。
ネコにも、電子工作にも、本にも造詣が深い。

〈メンバー〉

・SHIGS ─────── 電子ニャン工作研究会代表。ネコ飼いメイカーにしてフリーのエ
　　　　　　　　　ディター＆ライター。

・吉田俊一 ───── 発行元株式会社ラトルズのネコ飼いエディター。

・粟田佳織 ───── ネコ飼いライター。ネコに関する著作、雑誌・WEB 記事など多数。

・小美濃芳喜 ─── 電子部品に造詣の深いベテランエンジニア

micro:bitやM5Stackで作る

ネコと楽しむ　電子ニャン工作

2023 年 8 月 31 日　初版第 1 刷発行

著　　　者：電子ニャン工作研究会

発　行　人：山本正豊

印刷・製本：株式会社ルナテック

発　行　所：株式会社ラトルズ

　　　　　　〒 115-0055　東京都北区赤羽西 4-52-6
　　　　　　Tel（03）5901-0220（代表）　　Fax（03）5901-0221
　　　　　　https://www.rutles.co.jp/

Printed in Japan（ISBN978-4-89977-538-6）